JN024788

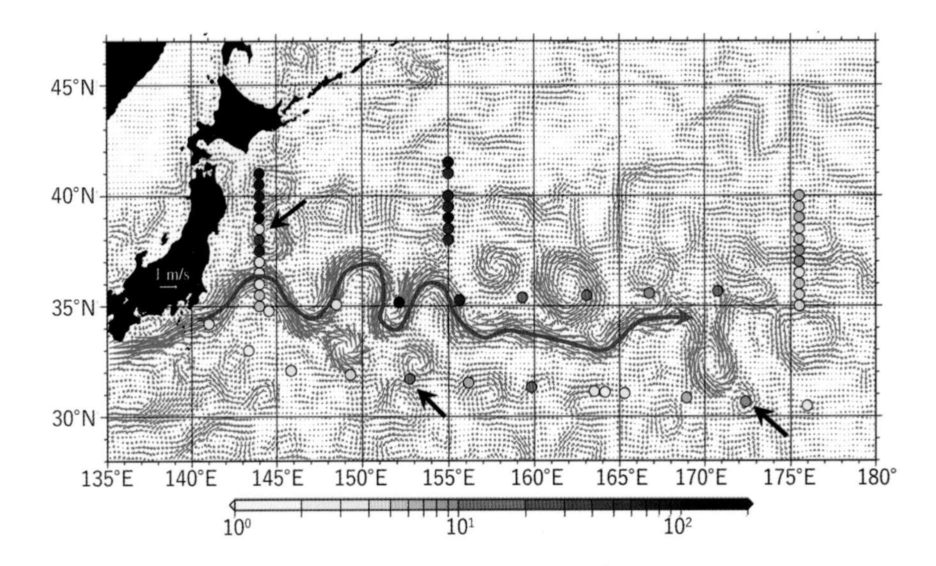

図 2-3　表層海水のセシウム 137 濃度（Bq/ m^3）（2011 年 6 月）
○は海水の採取位置、色の濃淡がセシウム 137 濃度。灰色の矢印は表層の海流。⬅ は中規模渦に伴うセシウム 137 の不均一分布が認められた例。

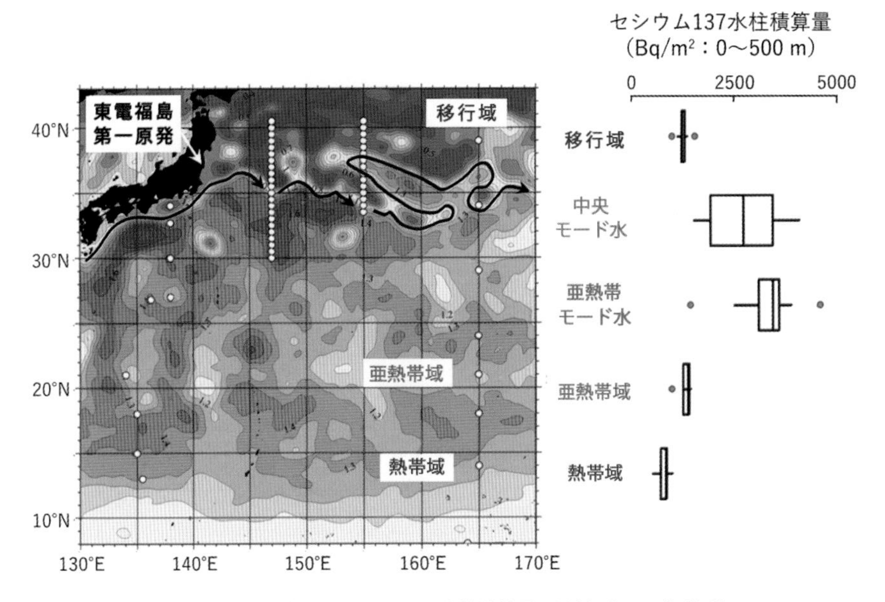

図 2-4　水塊別セシウム 137 水柱積算量の比較（2012 年秋季）
地図の○が測点。

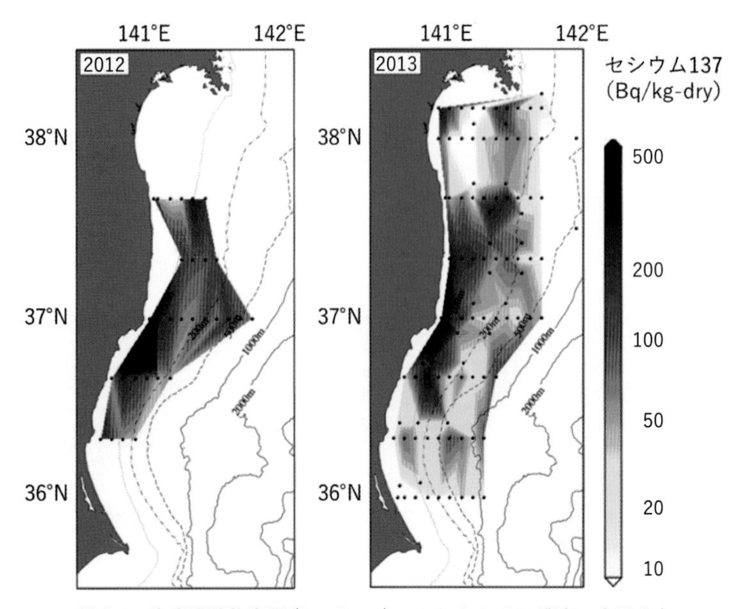

図 2-6　海底堆積物表層（0 ～ 1 cm）のセシウム 137 濃度の水平分布
左図は 2012 年、右図は 2013 年の結果。いずれも 7 月～ 9 月。

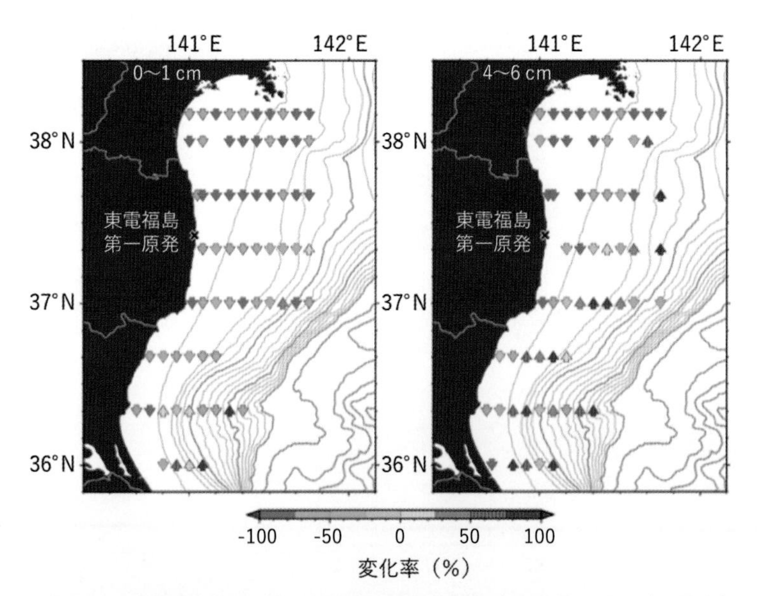

図 C5-3　各調査点のセシウム 137 存在量の変化率（2013 年～ 2019/2020 年）
上矢印は増加、下矢印は減少したことを示す。左図は海底面の表層（0 ～ 1 cm）、右図は海底面から少し深い層（4 ～ 6 cm）。

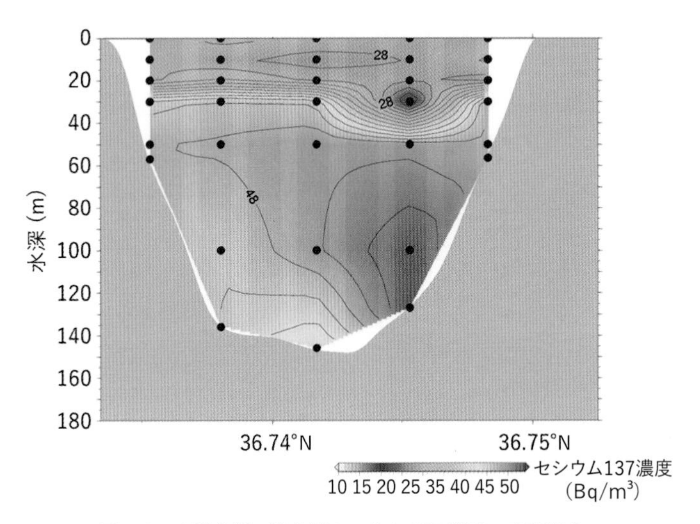

図 5-2　中禅寺湖の溶存態セシウム 137 濃度の空間分布

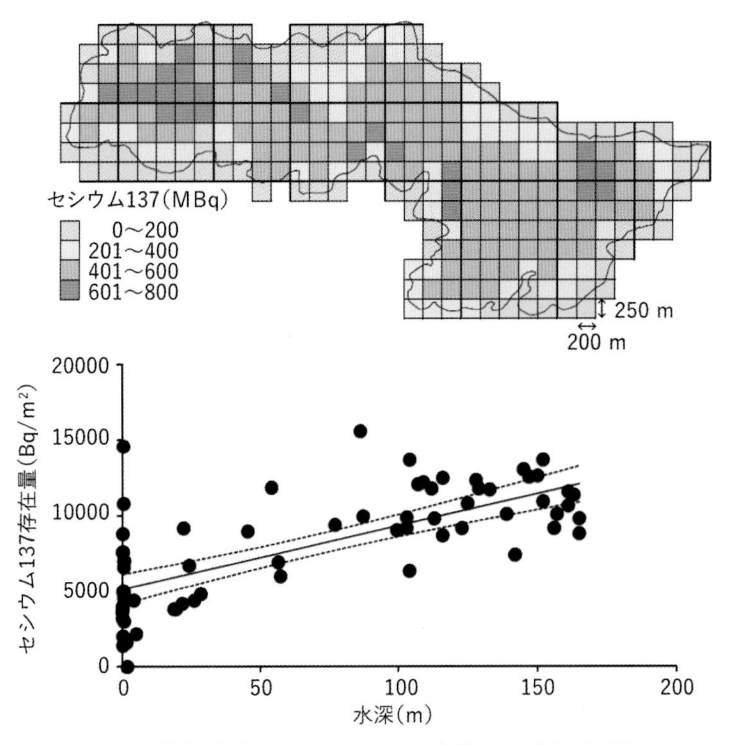

図 5-5　中禅寺湖湖底土のセシウム 137 存在量の空間分布（上図）、水深と湖底土セシウム 137 存在量との関係（下図）

魚類図鑑（放射性セシウム濃度を検査した魚類・水産生物）

【海洋】

アイナメ　*Hexagrammos otakii*
アイナメ科。背鰭輪郭は中央で凹む。体側に 5 本の側線がある。体色は変異に富む。沿岸の岩礁域に生息し定住性が強い。小型の魚類・甲殻類を捕食する。4 歳で体長 30 ～ 38 cm になる。

ウルメイワシ　*Etrumeus teres*
ニシン科。眼に脂瞼が発達する。腹鰭は背鰭基底より後方にある。体側に黒点の列がない。動物プランクトンを主食とする。 1 歳末までに被鱗体長約 22 cm になる。寿命は約 2 年。

エゾイソアイナメ　*Physiculus maximowiczi*
チゴダラ科。背鰭は 2 基で第 2 背鰭の基底長は長い。下顎に 1 本の短いひげがある。チゴダラ *P. japonicus* と同種とする説が有力。

カタクチイワシ　*Engraulis japonica*
カタクチイワシ科。口は大きく、頭部下面に開く。動物プランクトンを主食とする。太平洋では 3 歳で被鱗体長約 14.5 cm になり、寿命は約 3 年。

カツオ　*Katsuwonus pelamis*
サバ科。体は紡錘形。背鰭・臀鰭の後方に小離鰭がある。体側と腹部の縞模様は死後に出現する。大群で回遊する。魚類・イカ類・甲殻類を捕食する。満 1 歳で尾叉長約 45 cm に達する。

クロマグロ　*Thunnus orientalis*
サバ科。体は紡錘形。胸鰭は短い。背鰭・臀鰭の後方に小離鰭がある。魚類・イカ類などを捕食する。最大で尾叉長 約 3 m に達する。寿命は 20 年以上と見積もられる。

ゴマサバ　*Scomber australasicus*
サバ科。体は紡錘形。背鰭・臀鰭の後方に小離鰭がある。体側の下部に多数の小黒点があることでマサバと区別できる。動物プランクトン・魚類の仔魚等を捕食する。4 歳で尾叉長約 37 cm になる。寿命は約 6 年。

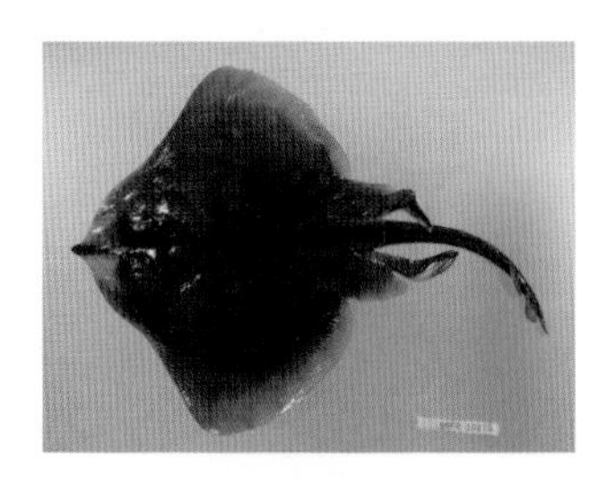

コモンカスベ　*Okamejei kenojei*

ガンギエイ科。体は縦扁する。尾部背面に雄では3列、雌では5列の小棘が並ぶ。体背面に多数の淡色円斑をもつ。小型魚類・甲殻類等を捕食する。全長55 cmに達する。寿命は8年半以上。

スズキ　*Lateolabrax japonicus*

スズキ科。体は長く側扁し口は大きい。背鰭は深く凹む。魚類等を捕食する。主に沿岸域に生息し、小規模な季節的深浅移動をする。体長は房総や三陸地方では1歳で約20 cm、2歳で30～32 cm、3歳で37～40 cm、4歳で45～48 cm、5歳で54 cmになる。

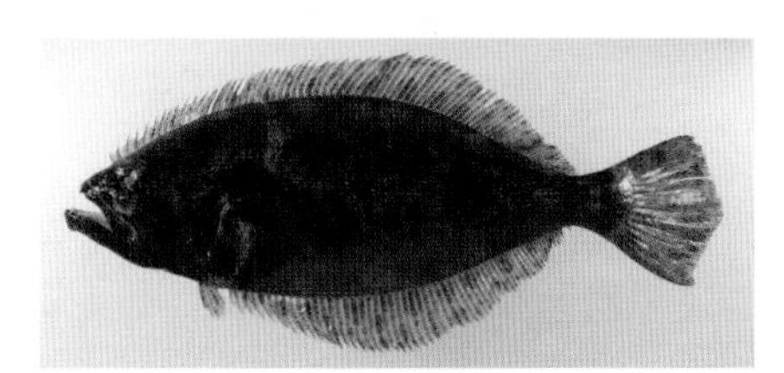

ヒラメ　*Paralichthys olivaceus*

ヒラメ科。両眼は左体側にある。口は大きく、歯は鋭く大きい。普通水深100～200 mに生息する。成魚は魚類・甲殻類・イカ類等を主食とする。東北海域で得られた試料の最高年齢はメス12歳、オス10歳。

マアジ　*Trachurus japonicus*

アジ科。体側全体の側線鱗が稜鱗（ゼイゴ）となる。主に動物プランクトン・小型魚類の幼稚魚等を捕食する。2歳で尾叉長約24 cmになる。太平洋では4歳魚以上は少ない。

マイワシ　*Sardinops melanostictus*

ニシン科。体側に1～3列の黒点が並ぶ。主に動植物プランクトンを捕食する。春～夏に沿岸・沖合を北上し、秋に沿岸域を南下する。寿命は7歳程度、最大被鱗体長は22～24 cm程度。年齢と体長の関係は資源水準により大きく変化する。

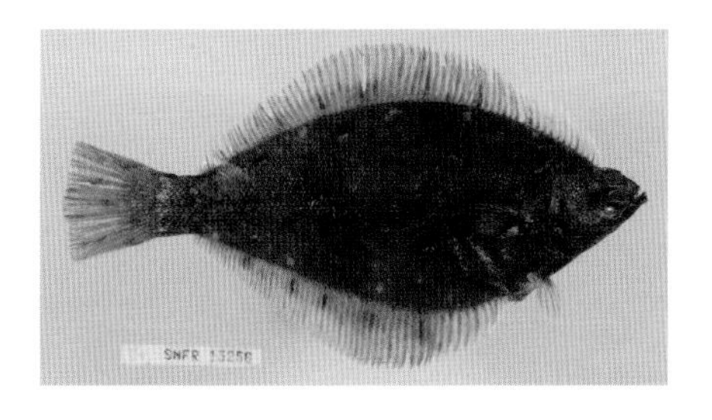

マガレイ　*Pleuronectes herzensteini*

カレイ科。両眼は右体側にある。口は小さい。両眼の間に鱗がない。無眼側（裏側）の後部縁辺に黄色域がある。150m以浅の砂泥底に生息し、多毛類・甲殻類などを捕食する。メスでは全長40 cm以上、高齢魚は10歳以上になる。

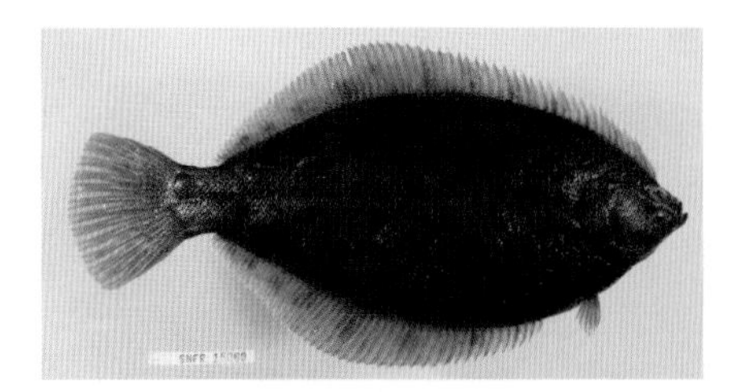

マコガレイ　*Pleuronectes yokohamae*
カレイ科。マガレイに似るが、両眼の間が鱗で覆われ、無眼側は一様に白く黄色域がないことで区別できる。普通 100 m 以浅の砂泥底に生息し、多毛類・甲殻類などを捕食する。6 歳で体長約 30 cm に達する。

マサバ　*Scomber japonicus*
サバ科。体は紡錘形。背鰭・臀鰭の後方に小離鰭がある。ゴマサバとは、体側の下部に多数の小黒点がないことで区別できる。動物プランクトン・小型魚類等を捕食する。年齢と体長の関係は加入量水準および海洋環境の影響を受けて大きく変化する。寿命は、漁獲物の年齢構成からみて 7、8 歳程度、最大 11 歳の記録がある。

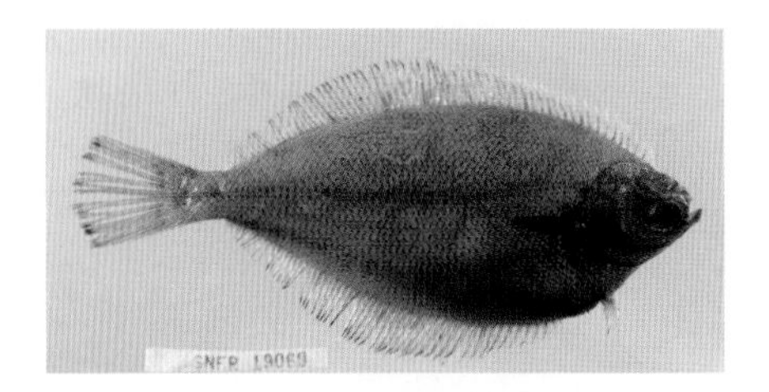

ミギガレイ　*Dexistes rikuzenius*
カレイ科。両眼は右体側にある。口は小さい。眼球の表面を鱗が覆う。水深 100 ～ 200 m の砂泥底に生息し、多毛類・甲殻類・二枚貝などを捕食する。体長は東北太平洋岸では、オスでは 3 歳で 11 cm、5 歳で 15 cm、メスでは 3 歳で 12 cm、5 歳で 15 cm、9 歳で 20 cm に達する。最高はオスで 5 歳、メスで 9 歳まで確認されている。

エビジャコ　*Crangon affinis*
エビジャコ科。頭胸部は扁平。額角は短い。浅海・内湾の砂泥・砂底、アマモ帯に棲息する。体長約 50 mm まで。

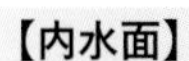

【内水面】

アユ　*Plecoglossus altivelis*
アユ科。北海道からベトナム北部までの東アジア一帯に分布する。海と川を行き来する生活史をもつ。河川では石に付いた藻類を主に食べる。ナワバリをもつことでも知られており、「友釣り」はナワバリに侵入する他個体を追い払う習性を利用した日本独特の釣法。

イワナ　*Salvelinus leucomaenis*
サケ科イワナ属魚類の一種。カムチャッカ半島付近を北限、本州紀伊半島を流れる熊野川を南限として、オホーツク海、日本海、太平洋の沿岸河川・湖沼に広く分布する。日本の淡水魚の中では最も標高の高い場所に生息する。水生昆虫、陸生昆虫、小型魚類などを餌とする。

ウグイ *Pseudaspius hakonensis*
琉球列島を除く、ほぼ日本全国に分布する。汽水域や内湾にも分布することがある。水生昆虫、陸生昆虫、付着藻類などの多様な餌を食べる。全長 30 cm を超える個体もみられる。

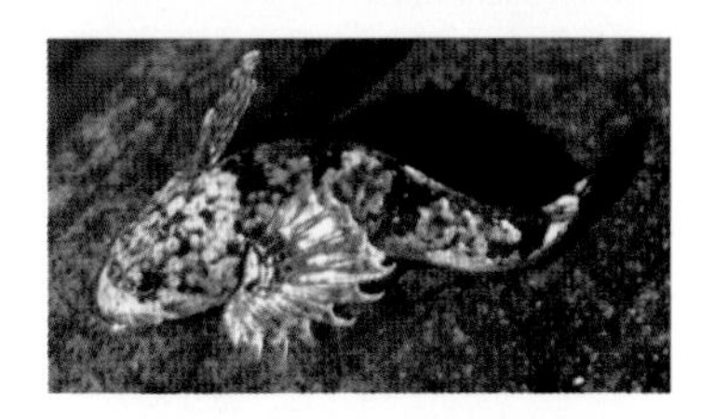

カジカ類 *Cottus* spp.
カジカ科カジカ属。日本固有種。最大で 10 cm 程度。生活史や形態的、遺伝的特徴により、カジカ大卵型、カジカ中卵型、カジカ小卵型（ウツセミカジカ）に区分される。中禅寺湖に生息するものはカジカ小卵型であることが分かっている。

コイ *Cyprinus carpio*
コイ科コイ属魚類の 1 種。日本全国に広く分布するが、琵琶湖など一部の水面を除くと自然分布ははっきりしていない。まれに 1 mを超える個体も見られる。雑食性で、ベントスであるタニシや水草なども食べる。

ニジマス *Oncorhynchus mykiss*
サケ科タイヘイヨウサケ属の 1 種。北アメリカの太平洋側、ユーラシア大陸では、ロシアカムチャッカ半島以北の沿岸河川・湖沼に生息する。日本へは 1877 年に初めて持ち込まれた。以降、各地の河川・湖沼に遊漁の対象として放流されるほか、食用として利用されている。

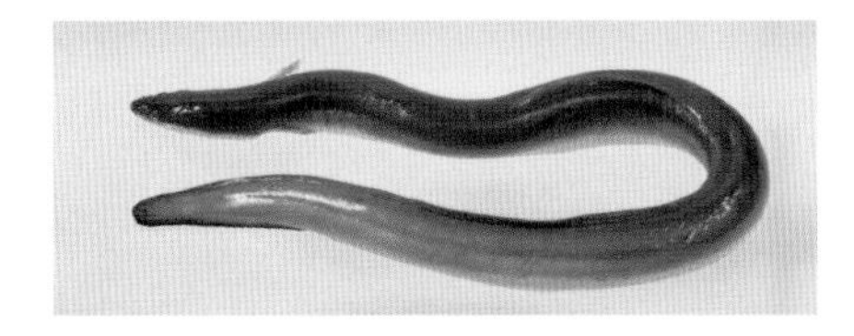

ニホンウナギ *Anguilla japonica*
海で産卵し、川で成長する降河回遊性魚類。マリアナ諸島西方海域で産卵し、日本、中国、台湾等の東アジア沿岸へ加入する。汽水域から河川上流域、湖沼に幅広く生息する。食性は甲殻類、水生昆虫、小型魚類、多毛類、陸生の貧毛類等。

ヒメマス *Oncorhynchus nerka*
サケ科タイヘイヨウサケ属の一種。ベニザケの湖沼陸封型。日本におけるヒメマスの自然分布は北海道阿寒湖とチミケップ湖の 2 ヶ所のみであり、その他は阿寒湖やロシア、カナダ産のベニザケ・ヒメマスが移殖され定着したものである。動物プランクトン、ユスリカの幼虫などを主な餌とする。

フナ類 *Carassius* spp.
コイ科フナ属に分類される魚の総称。日本各地の河川や湖沼に生息する。フナ類にはいくつかの種または亜種が含まれるが、生物学的な分類が難しく、外部形態だけでそれらを判別することはできない。中禅寺湖では 30 cm 以上に達する個体も見られる。

ブラウントラウト　*Salmo trutta*
サケ科タイセイヨウサケ属の 1 種。ヨーロッパが原産地。ニジマスとともに国際自然保護連合(IUCN)によって「世界の侵略的外来種ワースト 100」に指定されている。近年、日本の多くの河川・湖沼に生息地が拡大し、在来生物への影響が懸念されている。

ホンマス　*Oncorhynchus masou*
サケ科。中禅寺湖に生息するサクラマスを指す。北海道に生息するサクラマス *O. masou masou* と琵琶湖に生息するビワマス *O. masou* subsp. が中禅寺湖に移殖され、湖内で交雑したものと考えられている。とても美味で、遊漁の対象としても人気が高い。

ヤマメ　*Oncorhynchus masou*
サケ科タイヘイヨウサケ属の 1 種。国内では、北海道から九州までの河川の上流域などの冷水域に生息する。体の側面に上下に長い小判状の斑紋模様(パーマーク）があるのが特徴。動物食であり、主に水生昆虫や陸生昆虫を餌としている。

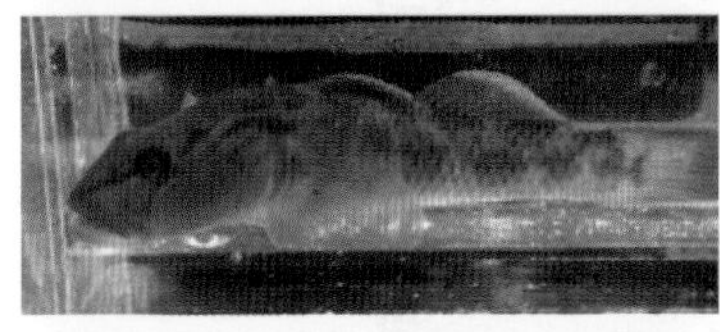

ヨシノボリ類　*Rhinogobius* spp.
ハゼ科ヨシノボリ属。アジアの熱帯・温帯の淡水域から汽水域に広く分布する。多くの種類に分けられているが、分類学的に未解決の集団も数多く存在する。体長は最大で 10 cm ほど。石の表面の藻類や小さな水生昆虫などを食べる。

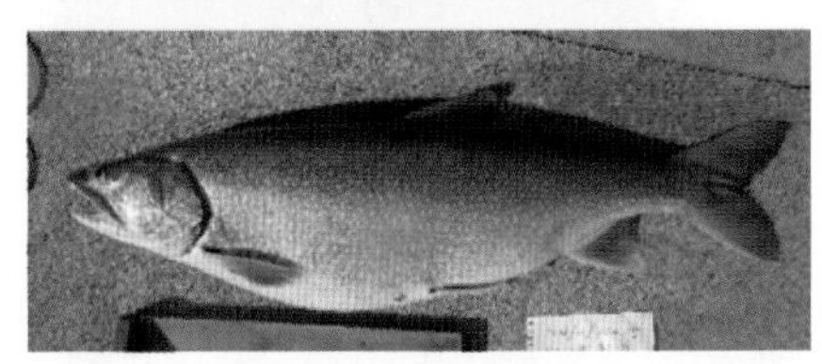

レイクトラウト　*Salvelinus namaycush*
アラスカの一部を除く北米大陸北部に広く分布するサケ科イワナ属魚類の 1 種。中禅寺湖では全長 1 m を超える個体が確認されている。水生昆虫類、小型魚類などを食べる。大型個体では魚食性が強くなる。

ワカサギ　*Hypomesus nipponensis*
キュウリウオ科。天然分布域は島根県・千葉県以北で、汽水湖が中心。容易に陸封されるため、移殖によって現在は九州まで分布する。1 年で成熟する。数は少ないが 2 ～ 3 年魚もおり、全長 15 cm に達する。動物プランクトンを主食とする。

スジエビ　*Palaemon paucidens*
テナガエビ科に分類される淡水性エビ。日本やサハリン、朝鮮半島南部に分布する。

ヌカエビ　*Paratya improvisa*
日本固有種の淡水性エビ。近畿地方北部の河川、湖沼に生息する。

モクズガニ　*Eriocheir japonica*
日本全国、サハリン、ロシア沿海州、朝鮮半島、台湾など広い分布をもつ。海と川を行き来する通し回遊型の生活史をもつ。日本各地で食用にされている。

水産研究・教育機構叢書

東日本大震災後の放射性物質と魚

東京電力福島第一原子力発電所事故から10年の回復プロセス

国立研究開発法人 水産研究・教育機構 編著

成山堂書店

巻 頭 言

2011年3月11日に発生した東日本大震災から12年の年月が経ちました。大地震のあと、津波を被った東京電力福島第一原子力発電所（東電福島第一原発）から漏洩した大量の放射性物質は、海や陸へと拡がり我々の社会生活に甚大な災害をもたらしました。その後、復興に向けた多くの取り組みが行われました。陸上では除染が進められ、帰還困難区域であった地域も大部分の制限が解除されて徐々に復興への歩みが進んでいます。

さて我々が研究対象とする水産業に目を転じると、水産物に含まれる放射性物質の濃度が大きく低減してきたことは、水産庁をはじめとする公的機関による放射性物質調査の結果から分かりました。しかし福島県沖合における漁業での操業自粛がほぼ10年間継続されるなか、津波により破壊された水産関連施設の再建、さらには高濃度の放射性物質が検出され出荷制限措置がとられるなど、営漁の範囲が狭まり地元では経済活動の停滞を余儀なくされました（2021年4月より本格操業への移行期間）。

東電福島第一原発事故で放出された放射性物質は海や川、湖に拡がり、そこに棲む生物の体内に取り込まれました。水産研究・教育機構は、放射性物質の環境中での動態に着目し、事故から10年間、継続した現地調査を行ってきました。これらの調査から得られた貴重なデータをもとにして海や川、湖の生物への放射性物質の移行過程を解き明かすべく努力した研究者が、魚類へと移行した放射性物質による汚染の状況について直接、読者の皆さんに語りかけることを目指した本を作りました。本書では、海や川、湖での調査から明らかとなった魚類などへの事故の影響について、水産学や環境科学に興味をもつ大学生・大学院生などに平易な文章で解説します。特に放射性セシウムに比べて情報の少ない放射性ストロンチウムについては、放射性セシウムとの挙動の違いや、データ取得の難しさ、東電福島第一原発事故前後における魚類の濃度レベルの推移などについて詳しく解説します。さらに10年を経て見えてきた水産業としての大きな課題である風評被害についても論じています。

最後に、放射性物質による新たな災害に向き合うための対処を想定し、しっかりとした備えをしておくための多くの知見を読者の皆さんと共有することが、東日本大震災からの復興に立ち会った我々研究者の使命であると考えています。次の世代へと引き継ぎたい多くの知見やアイディアを本書に詰め込み、ここにお届けいたします。そして調査研究やモニタリングに携わられた関係者の多大な努力に敬意を表するとともに、次々と発生した数々の社会不安に対応された方々の労を心よりねぎらいたいと思います。

2023 年 3 月

編　　者

目　次

【コラム】

第1章　東京電力福島第一原子力発電所事故と水産業の10年

あの事故から10年の月日が流れ、福島県の水産業を取り巻く状況はどのように変化したのでしょうか。事故前の状況に戻ったのでしょうか、まだ事故の影響を色濃く残しているでしょうか、あるいは全く異なる状況下におかれているのでしょうか。あの事故により放出された放射性物質は、この10年でどこへ行ったのでしょうか。未曾有の災害である東日本大震災、なかでも東京電力福島第一原子力発電所（東電福島第一原発）事故の直後から我々、水産研究・教育機構（水産機構）では環境調査を始めました。調査では海洋、河川、湖沼を包含する水圏環境における放射性物質の動態を明らかにし、水産物として利用している魚類等へ放射性物質がどのように移行したかを調査してきました。本書では、水産機構がこれまで10年をかけて調査してきた水圏環境ならびに魚類等の水生生物における放射性物質の挙動について総括し、東電福島第一原発事故により放出された放射性物質の水圏生態系内での動態を描き出します。まず本章では東日本大震災が水産業へ及ぼした影響について振り返ってみましょう。

1-1　事故の概要と放射性物質の環境放出

2011年3月11日14時46分、観測史上最大のマグニチュード9.0の2011年東北地方太平洋沖地震が発生しました。地震発生直後に緊急停止された東電福島第一原発では、同日15時41分に波高13 mに達する津波の到来、すべての交流電源の喪失、さらにはディーゼル発電機が停止するという全電源喪失状態に陥り、原子炉を安定的に冷却することができなくなりました。運転を停止したものの、膨大な熱を放出する原子炉が冷却不能となった結果、地震発生の翌日、3月12日15時36分に東電福島第一原発1号機で、3月14日には3号機で水素爆発が起こりました。その結果、大量の放射性物質が大気中へ放出されるという深刻な原発事故へと進展しました。

一方、事故直後より原子炉や使用済み核燃料プールを冷却するために注水が続けられた結果、極めて高濃度に汚染された水が原子炉建屋地下や原子炉に隣接するタービン建屋の地下に滞留水として存在することになりました。4月2日には2号機取水口付近より港湾へ、この高濃度汚染水が流出していることが確認されました。この流出は4月1日に始まったと考えられており、4月6日には水ガラスによる封入などの措置により高濃度汚染水の流出は止められました。しかしながら東電福島第一原発近傍の海水の放射性物質（放射性セシウムおよび放射性ヨウ素:コラム1参照）の濃度は3月26日頃より急激に上昇しており、2号機取水口付近で視認された漏洩よりも前から高濃度汚染水が流出していたと考えられています。後述する海水モニタリングデータの精査により、高濃度汚染水の流出（直接漏洩）は4月1日以前の3月26日に始まっていた可能性が高いことが明らかとなりました（2章参照)。

【コラム1】本書で扱う主な放射性核種

地球上には、地球の誕生時から地殻に存在する原始放射性核種と、宇宙線により生成される放射性核種が存在します。前者としては、主にウラン同位体に代表されるような放射壊変をして様々な放射性核種として存在するものや、物理学的半減期が13億年と非常に長いカリウム40などが挙げられます。後者としては、物理学的半減期が12.3年のトリチウム、53日のベリリウム7、5,730年の炭素14などが挙げられます。このような天然放射性核種に加え、大気圏内核実験や原子力発電などにより生成される人為起源の人工放射性核種が存在します。本書では主に東電福島第一原発事故により環境へ放出された人工放射性核種を対象として取り上げますが、特に以下の5つの放射性核種を対象としています。

セシウム137：物理学的半減期30.2年の放射性セシウムの一種です。核分裂生成物であり、原子炉内でも発生しますが、大気圏内核実験などにおいても生成される放射性セシウムです。ウランやプルトニウムが核分裂すると、原子量が140付近と90付近の核種に分かれやすく、核分裂後の原子量が大きい側の核種としてセシウム137が生成されます。セシウム137

は大気圏内核実験が開始された1950年代から最も研究対象とされてきた人工放射性核種の1つです。元素としての「セシウム」はナトリウムやカリウムと同じアルカリ金属であり、水の中では1価の陽イオンとして、すなわち水に溶けた状態で存在します。生物の体内においてはカリウムとほぼ同じ動きをすると考えられており、筋肉で最も濃度が高くなります。体内に取り込まれても他のアルカリ金属同様に比較的速やかに排泄される特徴があります。

セシウム134：物理学的半減期2.1年の放射性セシウムの一種です。原子炉内の核分裂により生成されたセシウム133が中性子を捕獲してセシウム134になります。セシウム137とは異なり大気圏内核実験では生成されない放射性セシウムです。

ヨウ素131：物理学的半減期8日の放射性ヨウ素の一種です。セシウム137と同様に核分裂生成物であり、東電福島第一原発事故直後に空間線量が上昇した原因は気体として放出されたヨウ素131によるものと考えられています。物理学的半減期が8日と短いために事故からの経過時間に伴う減衰が激しく、数週間のうちに海洋環境試料では検出することが困難となった核種です。元素としての「ヨウ素」は甲状腺に選択的に集積するため、ヨウ素131を体内に取り込んだ疑いのある場合には、甲状腺における内部被曝の影響を考慮して対処することが重要となってきます。

ストロンチウム90：物理学的半減期28.8年の放射性ストロンチウムの一種です。核分裂生成物のうち、原子量の小さい側の核種として生成されます。なお物理学的半減期が50.5日のストロンチウム89も核分裂生成物として同時に生成されます。東電福島第一原発事故ではストロンチウム90とストロンチウム89は、ともに環境中へ放出されました。特にセシウム137と同程度の物理学的半減期を有するストロンチウム90については、様々な環境試料の汚染状況を調べる試みがなされています。元素としての「ストロンチウム」は同じアルカリ土類金属であるカルシウムのように、骨などの硬組織に集積する元素です。筋肉などに比べて代謝が緩やかな骨など硬組織に取り込まれる放射性核種であるため、体内に長期間とどまることが考えられます。

トリチウム：物理学的半減期12.3年の水素の放射性同位体で「三重水素」とも呼ばれます。自然界では宇宙から降り注ぐ宇宙線が空気中の窒素、酸素の原子核と衝突し生成される天然放射性核種として存在しています。一方では大気圏内核実験や原子力発電所からも環境中へ放出されています。トリチウムは元素としては「水素」であるため、環境中では、その大部分が「水（H_2O）」として存在しています。

1-2　海洋環境および食品の放射線モニタリング

東電福島第一原発事故直後より国による様々な形での放射線モニタリングが実施されました。例えば空気中の放射能（空間線量）、水道水、生鮮食品など我々の生活に密接に関係する様々な媒体に関する放射能測定が行われることになりました。また、公共利用施設（学校のグラウンドなど）、河川や湖沼の水や底質、水生生物などの陸域環境中の放射線モニタリングも開始されました。海洋においては海水、海底堆積物ならびに、食品としての海洋生物をモニタリングの対象として、事故直後より放射性物質濃度が把握されてきました。国による海水および海底堆積物を対象としたモニタリングは、3 月 23 日より開始され現在も継続されています。このような公共モニタリングでは、我々が生活する際の被曝を考える上で重要であり、さらには東電福島第一原発事故により放出された核種である放射性セシウム、放射性ヨウ素を対象として分析されています。また放射性ストロンチウム、トリチウム、プルトニウムの同位体など、他の重要な核種についても前者に比べて測定頻度は少ないながらもモニタリング対象となり、その結果も公表されています。東京電力株式会社や福島県でも、国による総合モニタリング計画に基づき海水および海底堆積物の放射線モニタリングを継続しており、いずれの分析結果もウェブサイトにて公表されています。このような放射性セシウム、放射性ヨウ素についての海水や海底堆積物を対象としたモニタリングは、東電福島第一原発近傍海域から沖合の数百 km 離れた海域に至る広域で実施されています（図 1-1）。

一方、水産物を含む食品の放射性物質濃度の検査は 2011 年 3 月 17 日に開始され、現在まで継続されています。食品の放射性物質濃度の検査では、我々が普段の生活において食品からどれだけの被曝を受けるのかを根拠に暫定規制値や基準値が設定され、これらの値を超過した食品は流通しないように規制されます。これら食品の分析結果についても随時ウェブ上に公開されています。2012年3月31日まで適用された暫定規制値および2012年4月1日以降に適用されている基準値は、それぞれ放射性セシウムの値（セシウム134とセシウム137の合算値）で設定されており、前者は500 Bq/kg-wet、後者は100 Bq/kg-wetです。これらの値を超過した水産物は出荷制限がかかることになり、市場へ出回ることはありません（コラム2参照）。図1-2は海洋生物の年間検査検体数および基準値超過率の経年変化を示したものです。2011年度は東日本大震災、東電福島第一原発事故の当年であり、様々な制約のもとで行われたため、全国における検体数は約7,500検体でしたが翌年以降は16,000検体以上が検査されました。一方、基準値（セシウム134とセシウム137の合算値100 Bq/kg-wet）を超えた検体の出現率は2011年度には16 %であったものの、検体数が倍増した翌年の基準値超過率は5.2 %へと低下しました。その後も検体数が維持されるなか、基準値超過率は2013年度には1.1 %、2014年度には0.3 %と年々低下、2015年度には基準値超過検体が確認されなくなりました。2015年度以降、検体数は若干減少したものの、年間10,000検体以上の海洋生物の検査が実施されています。基準値を超える検体は2018年度、2020年度には、それ

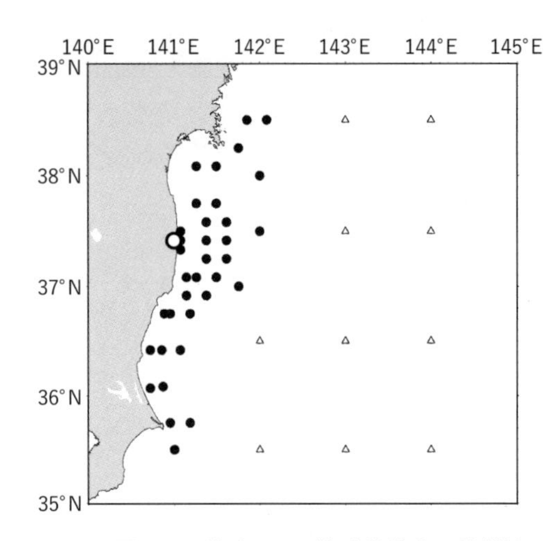

図1-1　国による海水および海底堆積物の放射線モニタリング観測点（2021年4月1日時点、総合モニタリング計画に基づく）

○は東電福島第一原発、●はその近傍と沿岸海域および沖合海域の観測点、△は外洋海域の観測点。

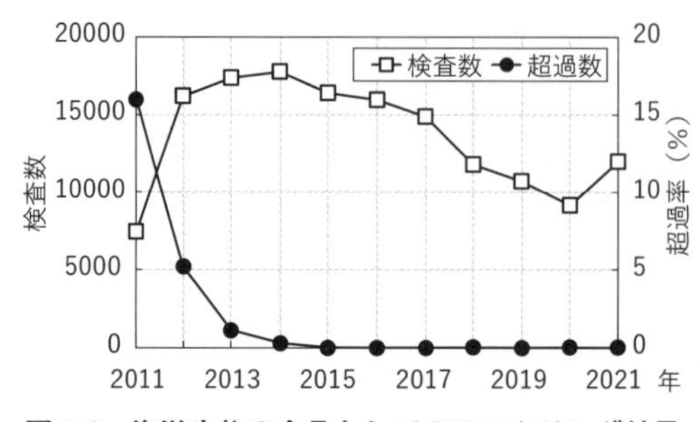

図1-2　海洋生物の食品としてのモニタリング結果
年度ごとに集計した検査数および基準値超過率

ぞれ1検体、2021年度には2検体報告されていますが、これらは極めて例外的な試料と考えられています。魚類等の海洋生物の放射性セシウム濃度の時系列変動については3章以降において詳細に解説します。

【コラム2】　食品としての水産物の放射性物質検査状況

東電福島第一原発での事故以降に、我が国周辺海域で採取した水産物（182,465検体）の検査が実施されてきました。その内訳は海水種が155,938検体、淡水種が26,527検体です。食品として出荷制限がかかる基準値である100 Bq/kgを超えた検体は、海水種では2,278検体（海水種検体のうちの1.5 %）、淡水種では748検体（淡水種検体のうちの2.8 %）でした[1)]。

海水種では、東電福島第一原発事故直後の2011年には検査した検体のうち16.0 %（アイナメ、エゾイソアイナメ、コモンカスベなど）が100 Bq/kgを超えていたものの、その割合は年々減少する傾向が見られました。淡水種では、東電福島第一原発事故直後の2011年には検体のうちの25.2 %が100 Bq/kgを超えていたものの、海水種と同様にその割合は年々減少する傾向が見られました。なお2022年9月28日現在、ヤマメ（養殖を除く）・ウグイ・アユ（養殖を除く）・イワナ（養殖を除く）・フナ（養殖を除く）の5種において、それぞれが対象となる河川*において出荷制限の対象となっています。なおヤマメ（養殖を除く）では新田川において摂取制限（著しく高濃度の放射性物質が検出された場合などに、「出荷制限」に加え摂取についても差し控えること）の対象となっています。

海外に目を転じると、東電福島第一原発での事故に伴い当初は 55 カ国・地域が輸入規制を実施しましたが、2022 年 7 月 26 日現在までに 43 カ国・地域が輸入規制を撤廃しました。一方、5 カ国・地域が輸入停止を含む規制措置を、7 カ国・地域が限定規制措置を継続しています [2)]。

* 福島県での出荷制限の対象となっている水域 [3)]

1. ヤマメ（養殖を除く）：太田川（支流を含む)、新田川（支流を含む)、真野川（支流を含む）ならびに福島県内の阿武隈川（支流を含む）
2. ウグイ：真野川（支流を含む）
3. アユ（養殖を除く）：真野川（支流を含む)、新田川（支流を含む）
4. イワナ（養殖を除く）：福島県内の阿武隈川（信夫ダムの下流（支流を含む))
5. フナ（養殖を除く）：真野川（支流を含む）[3)]

1-3　試験操業から本格操業へ

福島県をはじめ、2011 年東北地方太平洋沖地震および津波の被災県では、多くの漁船を失うとともに漁港も被害を受け、漁業活動を停止せざるを得ない状況になりました（コラム 3 参照)。さらに東電福島第一原発事故の影響による深刻な放射能汚染のため、福島県沖では暫定規制値および基準値を超える魚種が多く現れました。これらの魚種は出荷できないため、福島県沖においてこれらの魚種を対象とした操業を行っていたすべての沿岸漁業および底びき網漁業は、操業自粛を余儀なくされる事態となりました。このような極めて厳しい状況下において福島県漁業協同組合連合会は 2012 年 2 月に福島県地域漁業復興協議会を設置し、放射性物質濃度の低い魚種を対象とした試験的な操業「試験操業」を行うことを決めました。試験操業は福島県北部の水深 150 m 以深の海域（図 1-3 の①の海域）で 2012 年 6 月に開始され、海洋環境および海洋生物の放射性セシウム濃度の低下状況を考慮しつつ徐々に対象海域を拡大してきました（図 1-3 の①～⑩および水深 50 m 以浅の海域)。2017 年 3 月には東電福島第一原発から 10 km 圏内を除くすべての海域が試験操業の対象となりました。そして 2021 年 3 月には海洋生物の放射性セシウム濃度の低下状況などを踏まえて試験操業を終了し、同年4月からは本格操業へ向けた移行期間と位置づけて、水揚げの拡大を図る段階へと漁業再開へ向けた福島県の活動は進んできました。ただし2021年4月以降も東電福島第一原発から10 km圏内における操業の自粛は継続されています。また操業海域の拡大は進んだものの、2021年度の水揚量は震災前の2010年度の2割程度にとどまっており、今後は水揚量の本格的な回復が重要な課題として残されています。現在も福島県では目標を定めた計画的な漁獲拡大、価格を支えるための流通・消費の拡大、福島県産水産物の魅力紹介といった様々な情報発信などの取り組みを続けています（7章参照）。

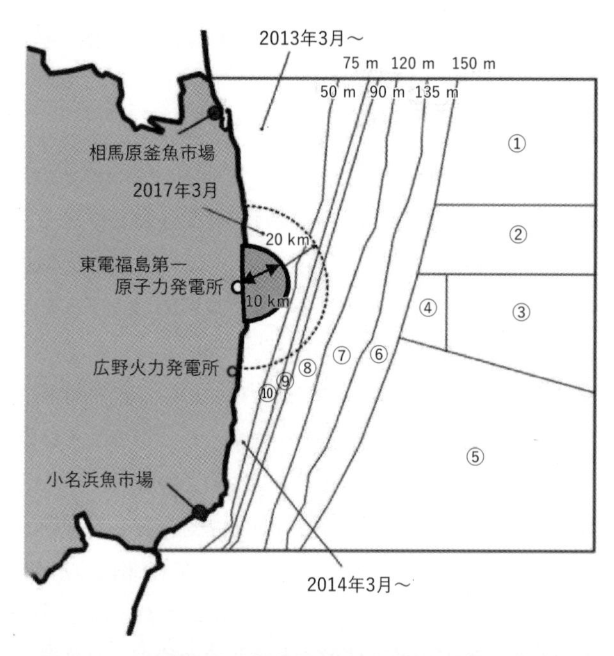

図1-3　福島県による試験操業海域の拡大状況の推移
①から⑩の順に操業海域を順次拡大した。東電福島第一原発から10 km圏内は操業自粛を継続。（水産庁資料「東日本大震災からの水産業復興へ向けた現状と課題」より抜粋）

【コラム3】　震災からの復興を目指した新たな水産関連施設の竣工

東北地方太平洋沖地震により発生した東日本各地での大きな揺れや津波・火災などにより、首都圏を含む広い地域の住民が甚大な被害を受け、まさしく国難と言える状況となりました。特に東北地方の太平洋岸の3県（岩手県・宮城県・福島県）の沿岸部では、場所によっては10 mを超える波高の津波が襲来し、大量の海水が堤防を越えて押し寄せて建物などが崩壊し、壊れた残骸や自動車などが引き波により海へと流し出されました。特に岩手県南三陸町では、ほとんどの建物が倒壊し、引き波で瓦礫が沖へと流し出され、数時間のうちに街が姿を消しました。そして同時に、多くの死者・行方不明者が出るという事態になりました。このように、大きな津波によって東北地方の沿岸部にある多くの街が破壊されていく様子を捉えた数々の映像や写真が個人の携帯端末からインターネットにより公開され、全世界に大きな衝撃を与えました。

震災前、東北3県沿岸部の多くの町では水産業が基幹産業でした。しかし地震による地盤沈下と引き続き発生した津波や火災により、住民は住居とともに生産設備である漁港設備や漁船、そして養殖や加工場などの施設をも失い、残る住民の生活再建が震災からの復興の大きな課題となりました。我が国政府は、この国難を乗り越えるため2011年7月に「東日本大震災からの復興の基本方針」を定め、復興対策本部（のちに復興庁を創設）を設置し、地元自治体と共同してこれらの課題に対応しました。2021年3月には「第2期復興・創生期間以降における東日本大震災からの復興の基本方針」へと改訂され、現在も被災地域の漁港施設、漁船、養殖施設、漁場などの復旧が進められ、震災前年比で漁港施設は95 %、水揚金額は76 %、水揚量は69 %までに回復しています[1]。

一方、被災した住民の生命の安全を確保するための復興住宅の建設に加え、次なる災害を想定した備えとして海岸線に防潮堤を建設するとともに市街地を高台へ移転させる取り組みが進められました。また同時に水産業の復興を目指した取り組みとして漁船建造の支援や壊滅した漁港の再整備に加え、水産加工場などの施設の建設支援も行われました。水産加工場の建設支援が進んだことから、水産加工業者の状況を把握するために水産庁が実施したアンケート（2021年1～2月時点）[2)]によると、生産能力が震災前の8割以上回復したとの回答が約7割、売り上げの8割以上が回復したとの回答が約5割であったことから、売り上げが伸び悩んでいることが明らかになりました。特に福島県での回復が遅れていることが顕著であることから、今後、より一層の力強い取り組みが必要な状況となっています（7章参照）。

一方、生産施設の建設に加え、流通の起点となる市場の整備も行われました。新しい市場の整備にあたっては水産物の安定供給を目指しつつ、高度な衛生管理や鮮度管理にも対応しながら、水産物の適正な価格形成と安全な水産物の安定供給の役割を担う地域の拠点として整備されました。特に東北地方の太平洋沖は、黒潮と親潮がつくる複雑な海洋環境の恩恵を受けて多くの魚介類が集まる「世界有数の漁場」と言われており、間近にある優良な漁場から直接供給された新鮮な漁獲物を消費者へと届けるとともに、地域経済の発展にも大きく貢献することが期待されています。

さて新たに整備された8漁港（八戸、釜石、大船渡、気仙沼、女川、石巻、塩釜、銚子）では、最も重要な鮮度保持の徹底のために、水揚げ岸壁から市場内への距離が最短の動線となるよう設計されています[3)]。そして水揚げから時間を置かずに取引を迅速に行うため、インターネットを利用した統合的な情報システムが導入されました。具体的には、まず出漁中の漁船から発信された漁獲情報が市場内に設置された大型モニターに映し出されます。水揚げ後、正確な魚種名と重量データが入力され、セリや入札の準備が完了します。買受人が端末を使って応札し、すべての応札データは自動処理され、大型モニターなどで入札結果を確認します。このように取引を迅速に行うことによって、より高鮮度な商品の出荷が可能となります。また「安心、安全」へのさらなる取り組みとして、許可された者や物のみ入場できることや、2021年6月から改正食品衛生法により導入・運用が完全義務化されたHACCP（ハサップ：元はアメリカがアポロ計画での宇宙食の安全性を確保するために開発した国際的な衛生管理手法）に準拠した衛生管理マニュアルを策定して項目ごとに毎日チェック、記録を行うなど、荷受けから出荷までのトレーサビリティを確保できるよう徹底した衛生管理が行われています。一方、水産施設では大量に海水を使用しますが、市場内で使用する海水は専用の井戸から汲み上げ、ろ過して紫外線殺菌した海水が使用されています。また商品の鮮度を保つための氷は、ろ過・殺菌した海水を原料としたシャーベット状の氷が使用されています。これにより魚体表面が傷つかず、砕いた氷よりも素早く冷やすことができることから商品の鮮度が保たれます。

このような最先端の技術を取り入れた新たな市場が、東北地方に多く整備されることにより、新鮮な魚介類の生産地として消費者からの高評価を受けることができるようになります。さらにはトレーサビリティが確保され周辺企業での水産エコラベル（図 C3-1）取得が促進されて新たな付加価値が与えられることにより、国内市場で低迷する魚価の底上げも期待できます。加えて世界基準の品質管理を謳いつつ海外市場へも積極的に出荷し、相手国の消費者からの好評を得ることができれば、輸出の促進を見込むことができるようになるでしょう。

震災からの復興を遂げた地から、世界を見据えた最先端の取り組みをますます強化し、より高品質の商品を生み出すことにより、我が国の水産業が魅力に富む産業として発展を遂げ、さらにはこの産業を担う多くの人材が我が国に生まれるよう努力を惜しまないこと、これが我々の未来には必要なことです。

図 C3-1　水産エコラベル
（ロゴマークの一例）

1-4　水産研究・教育機構による研究成果の発信

水産機構では、1954 年の米国による水素爆弾の核爆発実験を契機に始まった、我が国での海洋放射能調査に当初から参画してきました。長年の海洋放射能調査の経験を踏まえ、東電福島第一原発事故の海洋環境への影響を評価するためには現場で得られた実測値が最も重要と考えて、震災直後より調査船による現地調査を中心とした様々な調査研究を展開してきました。その研究成果をウェブサイトへ公開することで「現在の福島県沖における放射性物質濃度レベルはどのくらいか」、「現在の福島県沖で捕れる魚の放射性物質濃度レベルはどのくらいか」、「どの種類の魚は放射性物質濃度レベルが高いのか、低いのか」という現状を知ってもらうばかりではなく、「なぜ放射性物質濃度レベルがここまで下がったのか」、「なぜ予想よりも下がらないのか」といった、放射性物質濃度レベルの推移を考えるきっかけになってほしいと考えています。皆さん、検索サイトにて「水産研究・教育機構＋東日本大震災」、「水産研究・教育機構＋放射能」などのキーワードで検索してみてください。水産機構の「東日本大震災関連情報」ページ[1]や「水産研究・教育機構の放射能対応」ページ[2]を見つけることができると思います（図1-4）。これらのページでは、震災直後である2011年3月16日の理事長（当時）からのメッセージをはじめとする水産業復興、再生のための調査情報や水産物の放射性物質に関する解説記事などを公開しています。

東電福島第一原発事故に関連する放射能関係の情報は「水産研究・教育機構の放射能対応」に掲載されている研究成果をまとめた報告書のほか、より一般

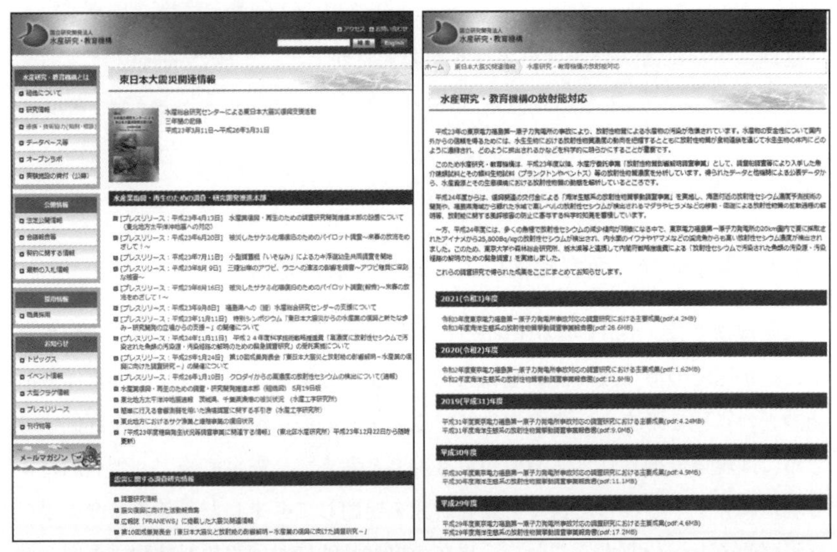

図1-4　水産機構による東日本大震災関連情報ウェブサイト（左）および水産機構の放射能対応ウェブサイト（右）

の方向けを意識した「放射性物質ってなに？」といった基本的な内容から解説した「放射能と魚のQ&A」パンフレットなども水産機構のウェブサイトから閲覧、ダウンロード可能です。また東電福島第一原発事故後5年ほどの研究成果をまとめた英語の書籍『Impacts of the Fukushima nuclear accident on fish and fishing grounds』[3)] や、一般向けを意識した叢書『福島第一原発事故による海と魚の放射能汚染』[4)] も出版し、特に英語の書籍は誰でも閲覧、ダウンロード可能なオープンアクセス書籍として出版しました。日本語の叢書は「放射能とは？」という基礎から、東電福島第一原発事故前の水産機構による海洋放射能調査の歴史、東電福島第一原発事故後数年間の活動内容など、読み応えのある本となっています。その他、日本水産学会、日本海洋学会といった研究者コミュニティにおける研究発表、シンポジウムの開催や学術誌の特集号の企画ならびに編集をするなど、学術的な発信も精力的に行ってきました（表1-1）。

さて、この10年間における東電福島第一原発事故に伴う海洋環境、陸水環境中の放射性物質の研究は、放射性セシウムを中心に展開されてきました。しかし近年、東電福島第一原発内で日々増え続ける汚染水から、主要な放射性物質を除去した処理水を希釈して海洋へ放出する方針を政府が表明したことを受け、処理水に含まれる放射性物質である「トリチウム」が海洋生物に与える影響への懸念が国内外から示され、新たな注目を集める事態となりつつあります。この処理水の海洋放出に関連して注目される放射性物質「トリチウム」は、物理学的半減期が約12年の水素の同位体です。放出する放射線は紙1枚で遮ることができる弱いβ線です。水素の同位体であることから、トリチウムは環境中では「水」として存在します。このトリチウムは自然界においては宇宙線により、また過去の大気圏内核実験によっても生じる核種です。

トリチウムは通常運転している原発内でも発生するため、これまでも環境中に管理放出されてきました。このようにトリチウムは東電福島第一原発事故に由来する処理水の放出計画以前より、環境中に存在している放射性物質です。そのため「処理水の海洋放出に伴うトリチウムの放出が海洋生物へ与える影響」

表 1-1　水産機構による東電福島第一原発事故対応研究活動年表

西暦	和暦	放射能調査研究実施概要年表
2011 年度	平成 23 年度	・水産庁等の要請による水産物を対象とした放射性物質調査 ・放射能分析技術研修会の実施（2011 年 4 月 15 日） ・水産庁委託事業「放射性物質影響解明調査事業」の実施
2012 年度	平成 24 年度	・水産庁委託事業「放射性物質影響解明調査事業」の実施 ・復興関連交付金「海洋生態系の放射性物質挙動調査事業」の実施 ・平成 24 年度科学技術戦略推進費「高濃度に放射性セシウムで汚染された魚類の汚染源・汚染経路の解明のための緊急調査研究」を受託
2013 年度	平成 25 年度	・水産庁委託事業「放射性物質影響解明調査事業」の実施 ・復興関連交付金「海洋生態系の放射性物質挙動調査事業」の実施 ・水産総合研究センター第 10 回成果発表会「東日本大震災と放射能の影響解明―水産業の復興に向けた調査研究―」を開催 ・PICES の WG30 "Assessment of marine environmental quality of radiation around the North Pacific" メンバーとして参加（2017 年まで）
2014 年度	平成 26 年度	・水産庁委託事業「放射性物質影響解明調査事業」の実施 ・復興関連交付金「海洋生態系の放射性物質挙動調査事業」の実施 ・「水産総合研究センターによる東日本大震災復興支援活動　三年間の記録」発行
2015 年度	平成 27 年度	・水産庁委託事業「放射性物質影響解明調査事業」の実施 ・復興関連交付金「海洋生態系の放射性物質挙動調査事業」の実施 ・水産生物への放射能の影響を一般向けにわかりやすく発信するためにパンフレットを作成、ウェブサイト掲載 ・オープンアクセスの英語書籍「Impacts of the Fukushima nuclear accident on fish and fishing grounds」を刊行
2016 年度	平成 28 年度	・水産庁委託事業「放射性物質影響解明調査事業」の実施 ・復興関連交付金「海洋生態系の放射性物質挙動調査事業」の実施 ・水産総合研究センター叢書第 16 号「福島第一原発事故による海と魚の放射能汚染」を刊行 ・日本海洋学会秋季大会にてセッション「海底堆積物における放射性核種の存在量の分布特性とその変動要因解析」を開催（共同コンビーナー）
2017 年度	平成 29 年度	・復興関連交付金「海洋生態系の放射性物質挙動調査事業」の実施 ・福島大学第 4 回環境放射能研究所研究活動懇談会「海域の放射能汚染：これまでとこれから～福島県の漁業復興に向けて～」を共催 ・学術誌 Fisheries Oceanography 特集号（震災特集）を刊行（放射能関係で 3 編の論文を掲載、その他震災関連の成果を掲載） ・学術誌 Journal of Oceanography 特集セクション（海底堆積物特集）を刊行（特別編集員）
2018 年度	平成 30 年度	・復興関連交付金「海洋生態系の放射性物質挙動調査事業」の実施 ・平成 30 年度日本水産学会東日本大震災災害復興支援検討委員会シンポジウム「福島県の沿岸漁業復興にむけて：原発事故 7 年後の現状と課題」に参加
2019 年度	平成 31 年度 令和元年度	・復興関連交付金「海洋生態系の放射性物質挙動調査事業」の実施
2020 年度	令和 2 年度	・復興関連交付金「海洋生態系の放射性物質挙動調査事業」の実施

西暦	和暦	放射能調査研究実施概要年表
2021年度	令和3年度	・復興関連交付金「海洋生態系の放射性物質挙動調査事業」の実施 ・日本海洋学会秋季大会にてセッション「海洋環境における放射性核種の動態―東京電力福島第一原発事故から10年の海洋科学的総括―」を開催（代表コンビーナー） ・令和3年度日本水産学会東日本大震災災害復興支援検討委員会シンポジウム「東日本大震災の教訓：10年後の現状と地域社会の将来」に参加
2022年度	令和4年度	・復興関連交付金「海洋生態系の放射性物質挙動調査事業」の実施 ・月刊海洋総特集「海洋環境における放射性核種の動態―東京電力福島第一原発事故から10年の海洋科学的総括―」（10月号および11月号）を刊行 ・水産研究・教育機構叢書「東日本大震災後の放射性物質と魚―東京電力福島第一原子力発電所事故から10年の回復プロセス―」（本書）を刊行

を評価するためには、処理水放出前の段階における海洋環境や海洋生物に含まれるトリチウム濃度レベルを把握しておくことが重要となってきます。このような背景のもと、水産機構では科学的に正しい数値を把握し、現状を正しく伝えることが重要と考え行動しています。具体的には海水、海洋生物に含まれるトリチウムの分析態勢を構築し、処理水放出前における福島県沖合海域のトリチウム濃度の把握を進めています。今後、海洋生物のトリチウム濃度がどうなるか、注意深く監視すべく、さらなる準備を整えているところです。

1-5　本書の狙い

2章では、直接漏洩の影響が色濃い東電福島第一原発事故直後から数年間の変動期の海洋の様子を振り返ります。3章では事故直後の放射性物質濃度が不均一で変動の激しかった状況から、徐々に落ち着いてきた福島県沖を中心に、大陸棚上の海洋生物にスポットを当て、海域、魚種間、魚種内における放射性セシウム濃度の変遷の違いについて、その要因を解明すべく詳細な調査を行った成果を紹介します。4章では海洋生物のうち、放射性セシウム濃度の低下が緩やかなために、出荷制限などの影響の長期化が懸念され始めた底魚類に焦点を絞り、魚類の生態学的知見と放射性セシウム濃度の関係を詳細に考察します。5章では、海洋生物とは代謝系が異なるため体内における放射性セシウムの挙動が異なると言われている内水面（河川、湖沼）の淡水魚類について、この10年間の調査から明らかとなってきた放射性セシウム濃度の時空間変動の特徴、生態系内における放射性セシウムの挙動について取りまとめます。6章では放射性セシウムに比べて分析が難しい核種であり、また東電福島第一原発事故による放出量が微量であったことから報告例が少ない放射性ストロンチウム（ストロンチウム90）について紹介します。さらに「なぜ放射性セシウムに比べ報告例が少ないのか？」「東電福島第一原発事故による魚類への放射性ストロンチウムの汚染はどの程度であるのか？」といった疑問にも答えます。7章では事故後2年間ほどの基準値超過に伴う出荷制限、自主規制によりその営みを完全に停止してしまった福島県の水産業について、放射能汚染からの回復後、すなわち出荷制限等の解除後の復活へ向けての取り組みと問題点、生業としての漁業の再興へ向けての提案を述べていきます。

第2章　事故後に海洋で起きたこと　―事故直後変動期―

東京電力福島第一原子力発電所（東電福島第一原発）事故により多種多様な放射性物質が大量に環境中へと放出されました。特に発電所が沿岸に建設されていたことから、環境へ放出された放射性物質の大部分が海洋へ流出しました。これまでの海洋における人工放射性物質の研究は、大気圏内での核実験に由来するグローバルフォールアウト（主に北太平洋への降下物）、あるいは1986年のチョルノービリ（チェルノブイリ）原子力発電所事故後に我が国周辺海域へ降下した事例とは全く異なる状況になりました。

東電福島第一原発事故が日本国内で発生したことから、事故発生直後から国によるモニタリング体制が構築され、公的研究機関、大学等による沿岸部を中心とした多くの観測が実施されました（1-2参照）。そのため事故直後（例えば数ヶ月以内）の放射性核種の海洋での実測値が多く得られた点が、過去の放出事象と大きく異なる点でした。このような取り組みにより、海洋の多様な媒体（海水、海底堆積物、海洋生物、懸濁物質、沈降粒子など）の放射性核種、特に後述する通り環境への放出量が多く、物理学的半減期も比較的長いために長期的に海洋環境中に残存することが想定された放射性セシウムに関して実測値に基づく知見を豊富に得ることができました。これは海洋に限らず、大気中を浮遊する塵のデータ[1)]や土壌の大規模な放射性セシウム分布調査[2)]などにも言えることで、これら事故直後の貴重なデータが学術論文や各種報告書として公開されたおかげで、非常に変動の激しかった事故直後数ヶ月から1年程度の状況が詳細に把握できた、ということが東電福島第一原発事故を受けて実施された環境放射能研究の1つの側面と言えます。特に土壌、森林などでの環境放射能に関する研究は、既に多くの総説論文などが出版されていますので参照してください[2) 3) 4)]。

さて本章では、東電福島第一原発事故後の初期（数週間～36ヶ月）に海洋で起きたことを約60編の学術論文等を引用しながら、特に放出量が多く、物理学的半減期が比較的長いことから環境へのインパクトが大きいと想定される放射性セシウム（物理学的半減期が約 30 年のセシウム 137 および約 2 年のセシウム 134）を対象に、海洋環境が変化していった経過をたどります。

放射性核種の海洋への流出状況、海洋生態系への影響評価、全球規模での拡がりを正しく把握するには、対象となる放射性核種がいつ、どこで、どれだけ放出されたかを明らかにすることが最も重要です。東電福島第一原発事故については、原子炉建屋での水素爆発による大気中への放射性核種の放出、原子炉建屋内からの高濃度汚染水の漏洩（以後、直接漏洩）が明らかとなっています（1-1 参照）。大気中へ放出された放射性核種の一部は降雨などにより陸上に降下し、森林や人間の生活圏での深刻な放射能汚染を引き起こしました。このような状況は多くの放射性物質モニタリングデータや、気象データに基づいた降水予測モデルにより精緻に再現され、土壌モニタリング等においてもその分布状況が確認されてきました[5) 6)]。そして、このような知見は生活圏における効果的な除染事業などに活用されてきました。一方で大気中へ放出された放射性核種の大部分は上空の偏西風により東方へと輸送され、北太平洋上空へと拡がり、降雨により広大な太平洋上へ降下したと考えられています[7)]。陸上と異なり、海上ではいつ、どこに、どれだけの雨が降ったかの情報は非常に少なく、放射性核種の海洋での分布状況については未解明な点が残されています。一方で水として直接、海洋へと流出した放射性核種の状況、特に環境中で実測値の多い放射性セシウムについては確度の高い情報が得られています。例えば、空気中と海水中での挙動が大きく異なる放射性セシウム（ここでは物理学的半減期 30 年のセシウム 137）と放射性ヨウ素（物理学的半減期 8 日のヨウ素 131）に着目し、東電福島第一原発近傍の海水モニタリング結果を検証したところ、次のようなことが明らかとなりました[8)]。事故直後の原子炉建屋での水素爆発により放出された両核種は、原子炉内の非常に高温な環境では気体と粒子態の状態で放出されますが、原子炉内に比べ低温な空気中では存在形態が変化します。ヨウ素 131 は気体と粒子態で存在するものの、その化学的性質から環境中で複雑な挙動を示します。一方でセシウム 137 は粒子態として存在します。

そのため、大気降下物が輸送媒体の主体であった時期には空気中を経由し海洋へ供給される様子がヨウ素131とセシウム137で大きく異なり、かつ複雑に変動したと考えられます。その結果、海水に含まれる両核種の濃度の比、ヨウ素131/セシウム137比は大きくばらつきます。一方で、両核種の発生源が高濃度汚染水の直接漏洩になると、ヨウ素131もセシウム137も液体としての挙動に支配され、ヨウ素131/セシウム137比のばらつきは小さくなりヨウ素131の物理学的半減期に応じて変化します。このように現場観測で得られたヨウ素131とセシウム137の放射能比の時間変動について原因を考察することにより、高濃度汚染水の直接漏洩が始まった日付を2011年3月26日と特定できました。この高濃度汚染水の放射性セシウム濃度は明らかとなっており、漏洩箇所のせき止めにより停止した日付も明らかとなっていることから、直接漏洩した放射性セシウムの総量を精度よく見積もることにも成功しています[8)]。

さて東電福島第一原発事故により海洋に放出された放射性セシウムの総量を考える場合、大気中へ放出され、海洋へ沈着した量の推定には大きな不確実性が含まれることから、これを直接求めることは極めて困難です。そのため、東電福島第一原発事故に由来する海水の放射性セシウム濃度、事故の進展を踏まえ事故時にどれだけの放射性セシウムが原子炉内に存在していたか、水素爆発後に東電福島第一原発に残された放射性セシウムの総量、環境へ放出された放射性セシウムの総量、陸上に降下した放射性セシウムの総量などの値を考慮し、東電福島第一原発事故により発生した放射性セシウムのマスバランスを把握することでその全体像を明らかにすることができます[9)]。また、このような放出量を推定するには非常に多くの仮定のもと、様々なシナリオを想定し推定するため、どのような仮定を置くかで推定値が大きく変化します。そのため、ここでは海洋学的視点から見た日本の環境放射能研究コミュニティにおいて最も合意の得られている値を引用し紹介します。

2-1　海洋に放出された放射性セシウムの行方

セシウム137は、東電福島第一原発事故による放出量が多く、物理学的半減期が比較的長いことから環境へのインパクトが大きいと想定される放射性核種です。このセシウム137は大気圏内での核実験やチョルノービリ原発事故により環境中へ放出され、東電福島第一原発事故直前（例えば2010年）の福島県沖を含む我が国周辺海域における海水や海洋生物などの環境試料からも検出されていました。セシウム137については過去に非常に多くの研究がなされてきており、北太平洋における総量の推定値も得られています。特に1945年から1980年までに実施された大気圏内核実験により地球環境に放出されたセシウム137の総量は948 PBq（PBq = 10^{15} Bq）と推定されています[10)]。この大気圏内核実験に由来するセシウム137は、北太平洋に広く降下しましたが、主には30年の物理学的半減期に支配され減衰してゆき、2010年時点では北太平洋に76 PBqが存在していたと考えられています[11)]。一方、チョルノービリ原発事故によるセシウム137の放出の影響はヨーロッパ圏の陸上において顕著に現れており、距離の離れた北太平洋への影響は極めて小さいものでした。このように東電福島第一原発事故以前より環境中に存在したセシウム137については、その濃度だけから東電福島第一原発事故の影響を定量的に評価することができません。そこで東電福島第一原発事故により環境へ放出された放射性セシウムを定量的に評価するために物理学的半減期が約2年であるセシウム134に注目します。チョルノービリ原発事故など、2010年より以前に環境中へ放出されたセシウム134は十分に時間が経過しているため、東電福島第一原発事故の直前（例えば2010年）には福島県沖を含む我が国周辺海域における海水や海洋生物などの環境試料から検出できるだけの放射能を有していませんでした。そのため2011年以降の環境試料から検出されたセシウム134は東電福島第一原発事故にのみ由来すると考えることができます。また、東電福島第一原発での事故により環境へ放出されたセシウム134とセシウム137は放射性セシウム濃度の比、放射能比が1.0であったことが明らかとなっているため[12]、事故時を基準日として計算したセシウム 134 とセシウム 137 の放射能比を求めることで、その試料に含まれるセシウム 137 のうち、事故前のセシウム 137 と事故由来のセシウム 137 の寄与率を求めることができます。

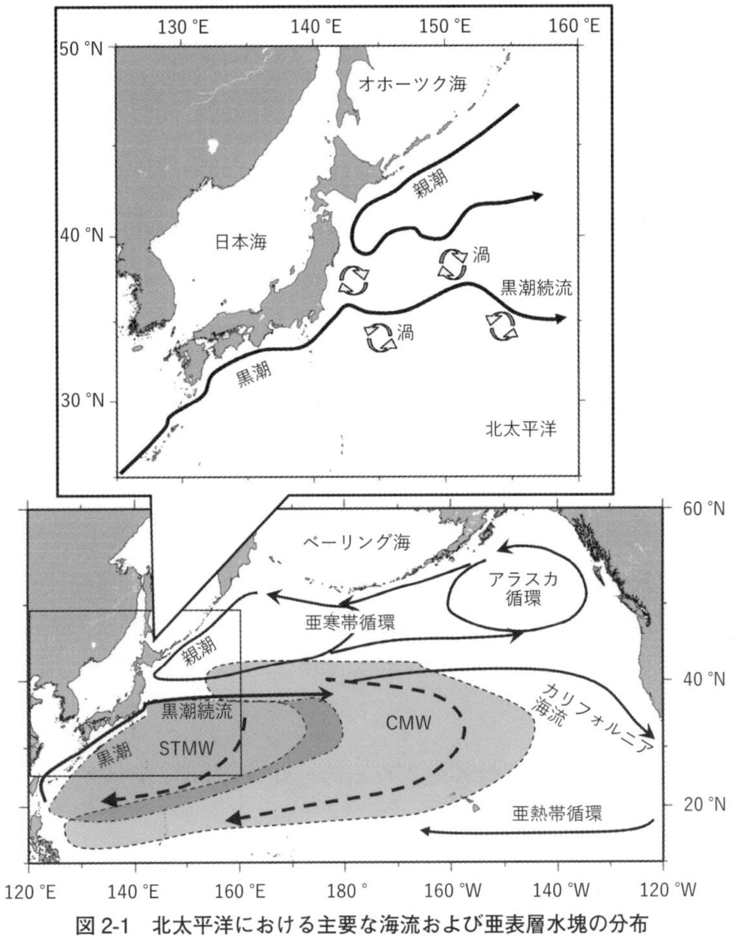

図 2-1　北太平洋における主要な海流および亜表層水塊の分布

——は表層の海流、---および▒▒の領域は亜表層水塊（モード水）の分布および輸送経路。STMW：亜熱帯モード水、CMW：中央モード水。（著作権者の許可を得て Kaeriyama[27] の Figure1 を日本語に改変して掲載）

このセシウム 134/ セシウム 137 放射能比は様々な環境試料において東電福島第一原発事故の影響の大きさを判断するために用いられています。

そこで放射性セシウムのマスバランスとセシウム 134/ セシウム 137 放射能比を利用して、東電福島第一原発事故により環境へ放出された放射性核種の拡がりをセシウム 137 で表現すると、東電福島第一原発から大気中へ 15 ～ 20 PBq が放出され、海洋にはそのうち 12 ～ 15 PBq が降下し、残りの 3 ～ 5 PBq は主に我が国の陸地へ沈着したと考えられています [7) 9)]。また高濃度汚染水の直接漏洩により 3.5 ± 0.7 PBq が東電福島第一原発の面する北太平洋へと流出したことから [8)]、北太平洋全体においては東電福島第一原発事故によりセシウム 137 が 15 ～ 18 PBq 流入したと考えられています。加えて東電福島第一原発事故ではセシウム 134 がセシウム 137 と同じ量放出されたことが明らかとなっているため、セシウム 134 についてもセシウム 137 と同じ値（北太平洋に 15 ～ 18 PBq）が環境中へ放出されたことになります。

さて東電福島第一原発事故により海洋にもたらされた放射性セシウムは元素としてのセシウムの化学的特性により、陽イオンとして存在します。つまり主には海水に溶けた状態で海洋環境内に存在します。そのため東電福島第一原発事故により放出された放射性セシウムの海洋への影響を把握するためには、海水としての分布を把握することが重要となります。また、東電福島第一原発は北太平洋に面して立地しているため、主に高濃度汚染水の直接漏洩による放射性セシウムの海洋における挙動は北太平洋における海水の動き（図 2-1）に支配されることになります。

2-2　海水としての放射性セシウムの拡がり

東電福島第一原発事故由来の大気降下物ならびに直接漏洩により北太平洋へ流出した放射性セシウムは、事故直後より比較的多くの実測値が得られ、その拡散状況が把握されてきました [13) 14) 15)]。放射性セシウムの拡散状況は、東電福島第一原発事故により環境へ放出された多くの人工放射性核種が全球規模でどのように拡がるか、そこに生息する生物をどの程度汚染するのかを見通す

図 2-2　海水を採取する採水器
奥に東電福島第一原発を望む

上で基盤となる情報です。福島県沿岸を中心とする海域でのモニタリング調査は文部科学省の所管により、2011 年 3 月 23 日から東電福島第一原発の沖合 20 km で開始されました。その分析結果は逐次、文部科学省のウェブサイトに公開されましたが、緊急時の対応ということもあり、検出下限値が高く設定され不検出となる検体が散見されました。東京電力株式会社は東電福島第一原発近傍海域における定期的なモニタリングを実施しており、これらのデータは東京電力のウェブサイトに公開されています。このような事故直後の海水試料の測定結果は、非常事態における緊急時モニタリングであることから科学的には不十分な情報ではあるものの、前述した直接漏洩量の高精度な見積もりなど､非常に多くの知見を我々にもたらしました。水産研究･教育機構（水産機構）は事故直後には救援物資の海上輸送、被災し船舶の運行が不能となった被災県における海洋モニタリング事業の補助、瓦礫調査などの震災影響把握を目的とした調査などに調査船を派遣し、未曾有の東日本大震災への対応を実施してきました。その際にも可能な限り海水試料を採取し、放射性セシウム濃度の把握を試みました。さらには、西部北太平洋の広域拡散状況を把握すべく、様々な調査船調査において海水試料を採取し、放射性セシウム濃度を測定してきました[14) 16)]。その他、国内の多くの研究者が過去の大気圏内核実験由来のセシウム 137 の北太平洋での挙動を念頭に置き、東電福島第一原発事故により放出された放射性セシウムの拡散状況を把握するための調査研究を展開しました。

これまでに得られた知見をもとに海洋環境において放射性セシウムが拡散していった過程を検証してみましょう。まず北太平洋の表層に着目すると、事故直後、大気中に放出された放射性セシウムは主に黒潮続流より北側に降下・沈着し、海水の動きに伴い比較的速やかに輸送・拡散されたものと考えられています[13]。一方、東電福島第一原発の港湾から沿岸に漏洩した高濃度汚染水は、潮汐混合や海上風の影響を受け、東西成分よりも南北成分が卓越するという流れ場の特徴から想定された通り、沖合には拡がらず、沿岸に沿い南北に拡がりました。2011年5月末までは茨城県東方の沖合に直径数十 km の時計回りの渦が存在しており、沿岸部での南方への拡がりは限定的でしたが、その後、渦の消失に伴い南方へと拡がったことが明らかとなっています[15) 16)]。沿岸部を南下した放射性セシウム濃度の高い海水は、千葉県銚子沖から東向きの強い流れである黒潮続流により太平洋中央部へ向けて拡散したと考えられています(図2-3)。このように放出された多くの放射性セシウムは、東電福島第一原発沖合の親潮と黒潮続流に挟まれた移行域（混合域）を東向きに拡がることが想定されましたが、実測値からその拡散状況がよく把握されています（図2-3)。直接漏洩に起因する放射性セシウム濃度の高い表層水塊は東方へ輸送され

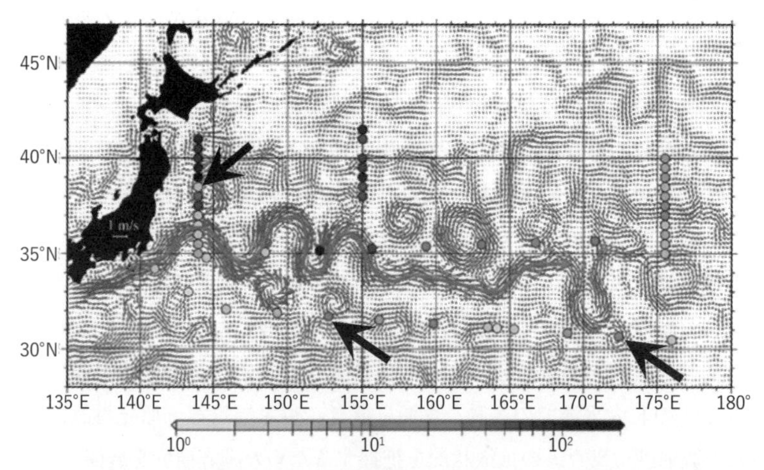

図2-3　2011年6月における表層海水のセシウム137濃度（Bq/m³）
○は海水の採取位置、色の濃淡がセシウム137濃度、灰色の線は表層の海流、←は中規模渦に伴うセシウム137の不均一分布が認められた例。

2012年には日付変更線付近まで[14]、その後さらに東向きに輸送され2014年には一部が北米大陸西岸に到達したことが報告されています[17]。このような東方への移動は拡散を伴うため放射性セシウム濃度は低下し、東部北太平洋へ到達する頃には西部北太平洋での濃度の1/100以下と極めて低濃度であり、海洋生物はもとより、それを消費する人間に影響を与えるような濃度ではないことを強調しておきます。実際、カナダ沖に到達した東電福島第一原発事故由来の放射性セシウム（セシウム137）の濃度は2.0 Bq/m^{3}であり事故前の同海域における濃度（1.0 ～ 2.0 Bq/m^3）と比べてもその影響が小さいことは明らかです[17]。

また日本列島の近傍では黒潮続流が蛇行し、その一部は直径数十kmから数百kmの中規模渦として切り離されることが知られています（図2-1）。このような中規模渦の存在は東電福島第一原発事故により放出された放射性セシウムの分布にも影響を与えたことが報告されています[14) 16]。例えば、東電福島第一原発事故由来の放射性セシウムの影響が顕著な黒潮続流の北側の海域に、セシウム137濃度が事故前と変わらない濃度であった南側の水塊が中規模渦として存在することにより、周辺に比べて非常にセシウム137濃度の低い海域が存在しました。逆に、黒潮続流の南側の海域には、北側の水塊が存在し、セシウム137濃度の高い海域が観測されています（図2-3の矢印）。このような中規模渦が徐々に移動することにより、事故直後の西部北太平洋では時空間的に不均一な放射性セシウム濃度の分布が確認されました。

以上のように、北太平洋の表層では、東電福島第一原発事故により放出された放射性セシウムが黒潮続流の北側の海域において速やかに広く薄く東向きに拡散したことが明らかとなりました。一方で、北太平洋の亜表層（深度数百m）に着目すると、表層とは異なる放射性セシウムの輸送動態が明らかとなりました。東電福島第一原発の沖合を含む移行域においては、冬季には海表面が大気により冷やされて表面の海水が重くなって沈降するため鉛直方向に海水がよく混ざります。そのため海水の温度が深さ方向に数百mまで均一となります。その後、春季には海表面の海水は日射により温められ下層よりも軽くなることにより､鉛直方向に海水が混ざりにくくなります。これを成層化と呼びますが、このような季節的な成層構造の変化により、冬季に表層から亜表層まで沈降しよく混合した水塊は、水温や塩分という物理特性が均一なモード水と呼ばれる水塊として取り残されます[18]。東電福島第一原発事故は奇しくもこのモード水が形成される冬季の終わりにあたる3月に発生しました。そのため東電福島第一原発事故由来の放射性セシウムは表層のみならず、亜表層の水塊であるモード水として、表層とは異なる輸送ルートを辿り北太平洋の内部へと取り込まれました（図2-1)。

東電福島第一原発事故の影響を強く受けた西部北太平洋においては黒潮続流のすぐ南の海域で形成される亜熱帯モード水[19]と黒潮続流の北の海域で形成される中央モード水[20]に放射性セシウムが取り込まれ、海洋内部へと拡がりました（図2-4）[21) 22) 23) 24]。黒潮続流の南の海域で形成されて南西方向へと分布する亜熱帯モード水には、東電福島第一原発事故が発生した2011年の晩

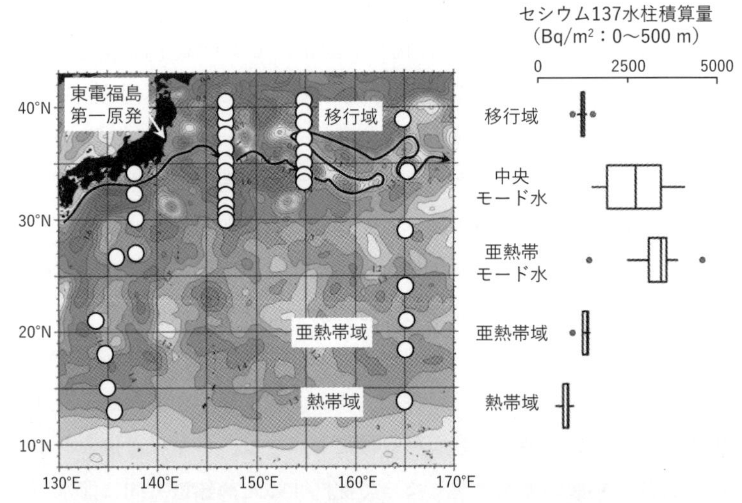

図2-4　2012年秋季における水塊別セシウム137水柱積算量の比較
地図の○が測点。（著作権者の許可を得てKaeriyama[27]のFigure5を日本語に改変して掲載）

冬（2011 年 3 月）および翌冬（2011 年 12 月～ 2012 年 3 月）に事故由来の放射性セシウムが取り込まれ、日本列島南方の亜熱帯域に拡がりました[21) 22) 24)]。亜熱帯モード水が分布する海域での 2012 年の観測結果をもとに、亜熱帯モード水に取り込まれた東電福島第一原発事故由来のセシウム 137 の総量を見積もると 4.4 ± 1.1 PBq でした。

これは北太平洋へ放出されたセシウム 137 の約 25 %に相当します[24)]。また亜熱帯モード水に取り込まれた東電福島第一原発事故由来の放射性セシウムの一部が東シナ海を経由し、2015 年には日本海へ拡がり、その後、津軽海峡を通過して、再び西部北太平洋へ輸送されたと考えられています[25)]。このように特定の水塊として放射性セシウムの輸送ルートを追跡する際には、海水の密度とともに、東電福島第一原発事故由来の放射性セシウムに特有なセシウム 134/ セシウム 137 放射能比が活用されました[21) 24) 25)]。なお、中央モード水に関する東電福島第一原発事故由来の放射性セシウムについては観測事例が限られているために、残念ながらその輸送ルートなどを議論することは現時点ではできていません[23) 24)]。しかし東電福島第一原発事故により海洋へ拡がった放射性セシウム（セシウム 137）の総量は 15 ～ 18 PBq と見積もられており、海洋表層のセシウム 137 総量（8 ～ 10 PBq)、亜熱帯モード水のセシウム 137 総量（4 ～ 5 PBq）という見積もりから、中央モード水のセシウム 137 総量は 2 ～ 3 PBq と推定できます。これは決して小さな値ではありません[25)]。そのため中央モード水として海洋内部へと取り込まれた東電福島第一原発事故由来の放射性セシウムの行方を明らかにすることは、海洋学に残された重要な課題です（図 2-1、2-4)。

ここで改めて海洋へ流出した東電福島第一原発事故由来の放射性セシウムについて北太平洋全域を俯瞰すると、主たる分布は黒潮続流の北側の海域で東に拡がりましたが、中規模渦の存在により水平的に不均一な分布が見られました。一方、海洋内部の亜表層では表層と異なるルートを辿り、亜熱帯モード水の一部は東シナ海、日本海へと輸送されたことが明らかとなりました。

次に沿岸に目を転じると、東電福島第一原発近傍を中心とした海域では、極めて大きな放射性セシウム濃度の時間変動が記録されました[15]。東電福島第一原発事故直前の西部北太平洋沿岸部におけるセシウム137濃度はおおよそ1.0～2.0 Bq/m^{3}でしたが、これは主に1960年代までに行われた大気圏内核実験に由来するセシウム137です。東電福島第一原発事故直後のモニタリング結果において、東電福島第一原発最近傍の観測点における海水のセシウム137濃度は、事故から26日後の2011年4月6日に最大値68,000,000 Bq/m^{3}を記録しました（図2-5）。これは高濃度汚染水が直接漏洩したことに由来するセシウム137が観測されたと考えられます。高濃度汚染水の直接漏洩は2011年4月6日に止められたことから、急速な濃度の低下が確認されています。その後、数ヶ月の間に東電福島第一原発近傍における海水のセシウム137濃度は、1,000 Bq/m^{3}のオーダーまでの低下が認められました。さらに水産機構などの調査により、福島県および近隣県沖合の西部北太平洋と仙台湾における海水のセシウム137濃度の時系列変動から、空間的な時間変化の違いが見えてきました（図2-5）[26) 27)]。例えば東電福島第一原発から南に約180 km離れた茨城県の波崎では、最大濃度（2,000 Bq/m^3）を2011年6月に観測しました[28)]。これは東電福島第一原発近傍で最大値が観測されてから2ヶ月遅れています。この時間差は、東電福島第一原発から直接漏洩した高濃度の汚染水が、茨城県沖にある時計回りの中規模渦により南下を妨げられたあと、5月末に起きた中規模渦の消失とともに千葉県沖まで速やかに到達したものと考えられています[28) 29)]。福島県の沖合ではセシウム137の最大濃度（1,800 Bq/m^3）が2011年7月に観測され、その後2013年12月まで減少し続けました。セシウム137濃度が最大値の半分の濃度になるまでの時間である見かけの半減期は福島県沖で85日でした[26)]。波崎におけるセシウム137の見かけの半減期は60日と報告されています[28)]。一方、東電福島第一原発から北方に約100 km離れた仙台湾では、セシウム137の最大濃度（2,700 Bq/m^3）は2011年6月に観測され、その後、時間の経過とともに減少しました。仙台湾におけるセシウム137の見かけの半減期は120日と推定されています[26)]。福島県の極沿岸での週1回のモニタリング結果によれば、福島県の沖合あるいは遠方の沿岸

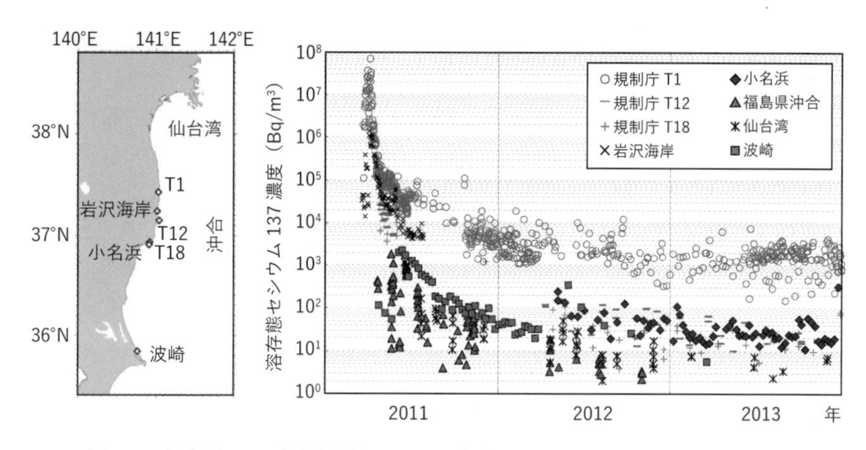

図 2-5　福島県および近隣県沖における海水のセシウム 137 濃度の時間変化

域に比べると高濃度を維持してはいるものの、東電福島第一原発からの距離に応じた濃度勾配が認められました[27)]。例えば東電福島第一原発の 55 km 南に位置する小名浜でのセシウム 137 濃度は、東電福島第一原発近傍の約 1/100 程度で推移しています。

事故から数年が経過すると福島県の沖合ならびに仙台湾、波崎などではセシウム 137 濃度が 2.0 Bq/m^3 程度まで低下し、事故前と同程度で推移していることが明らかとなりました[27)]。一方で極沿岸部、特に東電福島第一原発の南部においては、2013 年の時点で事故前に比べて一桁から二桁高いセシウム 137 濃度が観測されました（図 2-5）。これは東電福島第一原発からの汚染水の継続した漏洩[30)]や河川による陸域からの放射性セシウムの供給[31)]により、セシウム 137 濃度が事故前の濃度まで低下していないものと考えられます。極沿岸部における海水の放射性セシウムの濃度の推移は、沿岸に生息する海洋生物に影響を与えるため、濃度の低下が鈍化した要因を明らかにすることは、そこに生息する海洋生物のセシウム 137 濃度がいつになったら事故前の濃度まで低下するか？　などの見通しをつける上で、今後ますます重要となってきています。

【コラム４】10年間の海水の放射性セシウム濃度の変化（拡散期〜安定期）

10年間のモニタリング結果：東電福島第一原発事故以降、海水の放射性セシウム濃度は原子力規制庁や東京電力株式会社による定期的なモニタリングデータとして公表されてきました。しかしこれらのモニタリングデータは発電所近傍海域の状況把握を目的としており、水産物の生息環境として重要な沿岸―沖合における調査点は疎らでした。そのため水産機構では沿岸―沖合域や仙台湾に独自の調査定点を設け、海水の放射性セシウム濃度の測定を継続してきました[1) 2) 3)]。その結果、水産物の生息環境として重要な仙台湾や福島県沖合の水深100 m以浅における海水の放射性セシウム濃度の変化について2011年から2020年までの10年間にわたり把握することができました（図C4-1)。2012年からモニタリングを開始した福島県いわき市小名浜港地先（水深10 m以浅）でのセシウム137濃度は緩やかな低下傾向を示しましたが、低下速度は年々鈍化し、事故から10年が経過した2020年において、事故前の濃度レベルである1〜3 Bq/m^{3}に比べて数倍高い濃度レベルで推移しています。2011年3月から4月にかけて発生した高濃度汚染水の海洋への直接漏洩により沿岸部の海水の放射性セシウム濃度は急激に上昇しましたが、その後の直接漏洩の停止とともに半年ほどで急激に低下しました（2章参照)。しかしながら沿岸部における海水のセシウム137濃度が未だに事故前の濃度水準に達しないということは、放射性セシウムの供給が継続しているものと考えざるを得ません。

ここで事故直後に生じた高濃度汚染水の漏洩が停止した後の2年間において福島第一原発から海洋へ漏洩した放射性セシウムの量を推定した研究を紹介します。2013年に発表されたこのKandaの論文[4)]では、東電福島第一原発港湾内における海水の放射性セシウム濃度と港湾の海水の交換率から、放射性セシウムの日間放出量を見積もっています。その結果、セシウム137が2011年夏季には一日あたり93 GBq（GBq = 10^9 Bq)、2012年夏季には一日あたり8 GBq、それぞれ東電福島第一原発港湾から放出されていると見積もられました。さらに2020年には、この推定手法を改良し2018年までの放出量を推定した論文も公表されています[5)]。この

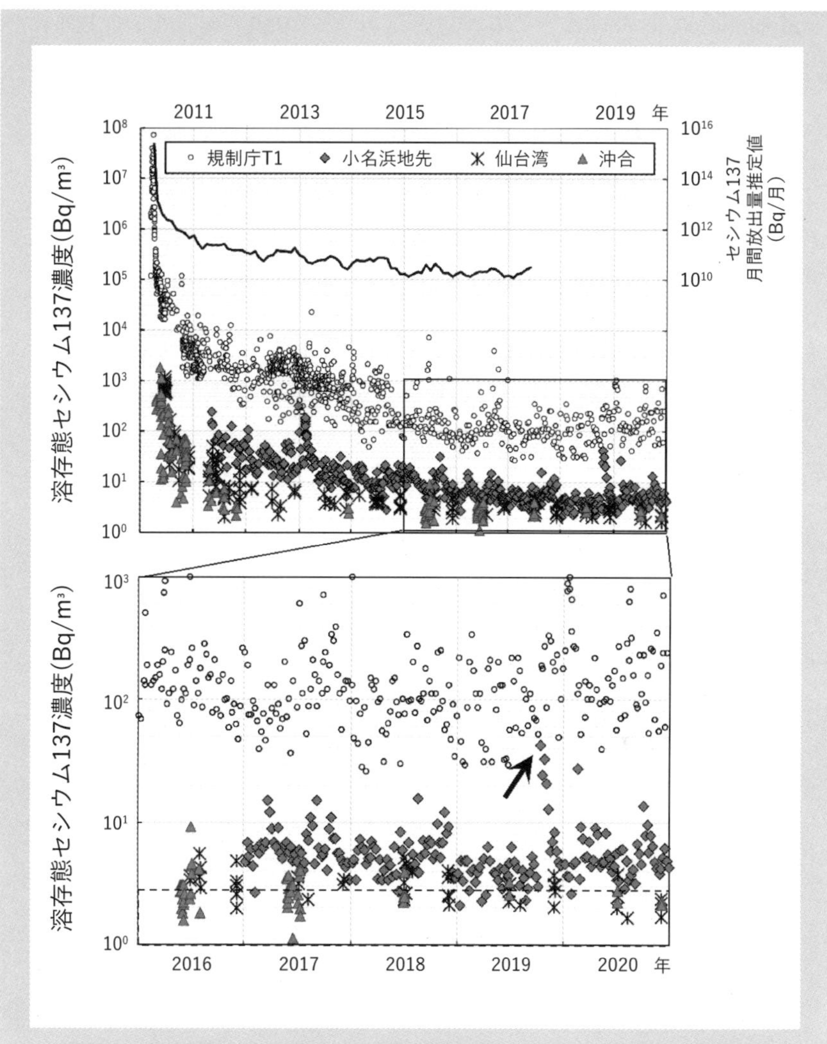

図 C4-1　福島県および近隣県沖における海水のセシウム 137 濃度の時間変化

凡例は図 2-5 と同じ。上図：2011 年～ 2020 年、――は Machida *et al.*[5] による東電福島第一原発からの月間放出量推定値（右軸）、下図：2016 年～ 2020 年、------は東電福島第一原発事故以前の平均濃度（1.0 ～ 3.0 Bq/m^3）。

Machida *et al.* の論文[5]では2011年4月から2018年6月までの月間放出量が推定されており（図C4-1上図の実線）、セシウム137の年間放出量は2012年の約2 TBq（TBq = 10^{12} Bq）から徐々に減少し2017年には約0.15 TBqと推定されています。このように放出量は年々減少してきたものの、東電福島第一原発から海洋への放射性セシウムの直接漏洩は現在に至るまで「ゼロ」にはなっていません。この直接漏洩が続く限り、我々が観測を継続している小名浜地先の放射性セシウム濃度が事故前の濃度レベルに達することはないと考えられます。また1週間に1回の頻度で取得している小名浜地先の測定データは、短期的な濃度変動が大きいことを示しています。近年でも年間でおよそ数倍の変動幅を維持しており、小名浜地先を含め極沿岸部においては未だ海水の放射性セシウム濃度の分布が空間的に不均一であることを示しています。さらに小名浜地先では2013年冬季および2019年秋季には、数週間にわたる放射性セシウム濃度の上昇が観測されました（図C4-2下図の矢印）。2013年は冬季の急速に発達する低気圧の通過に伴う強い北風により、東電福島第一原発近傍の高濃度の放射性セシウムを含む海水が希釈を伴わず南下して直接、小名浜地先まで到達したため[6]、2019年は台風時の大雨に伴う出水により陸域の土壌を多く含む濁水が海域へと流入したことに伴う一時的な放射性セシウムの供給があったためと考えられています[7]。

河川からの供給：東電福島第一原発事故から数年が経過し、海水および河川水のセシウム137濃度がある程度低下、さらにその時間変化の変動幅も小さくなったことで見えてきた現象があります。それは河川を経由して輸送された陸起源粒子中の放射性セシウムが河口域で溶け出し、海水の放射性セシウム濃度を上昇させるという現象です。河川における放射性セシウムは水に溶けた状態（溶存態）よりも水に漂う粒子（懸濁態）として存在する割合の多いことが、これまでの東電福島第一原発事故後の河川調査から明らかになっています[8]。そのため河川を経由して海洋へともたらされる陸起源の放射性セシウムも主には粒子である懸濁物質として運ばれると考えられてきました。そして懸濁物質は河口域で沈降し海底堆積物を構成するため、懸濁物質として運ばれた放射性セシウムが海水そのものの放射性セシウム濃度へ与える影響はわずかであると考えられていました。ところが2012年から2013年にかけて福島県南東部の夏井川河口域で我々が調査したところ、次のような特徴が見られました（図 C4-2）[9]。放射性セシウムが河川水と海水の間で溶存態でのみ混合された場合、河口域では塩分の変化に応じて図 C4-2 の点線で示す希釈直線上にプロットされます。しかしながら、調査結果では溶存態放射性セシウム濃度が希釈直線より高濃度側にプロットされました。すなわち河川水、海水中の溶存態以外から放射性セシウムが供給されたことを示唆しています。同様な溶存態放射性セシウム濃度の希釈直線からの逸脱は他の河川でも見られ[10]、河川の懸濁物質を用いた室内実験の結果[11]や、河床堆積物と海底堆積物の分配係数（堆積物と溶存態の放射性セシウム濃度の比）の違い（河川＞海洋）[12]なども考慮すると、東電福島第一原発事故後の河口域では河川の懸濁物質が海水と混合すると懸濁物質中の放射性セシウムの一部が溶け出していると判断するのが妥当であると結論づけられます。さらに各地で河川氾濫や土砂災害を引き起こした 2019 年の台風 19 号に伴う記録的な大雨は大規模な出水を引き起こし、福島県沿岸部の広範囲で高濁度な状態が一定期間続いたと考えられています。このときも陸起源の懸濁物質が海水と触れることにより懸濁物質中の放射性セシウムが溶け出し、海水の放射性セシウム濃度を上昇させました。実際に、小名浜地先の海水でも溶存態セシウム 137 濃度の上昇が観測されています（図 C4-1 下図の矢印）[7]。また阿武隈川から高濁度水が仙台湾へと流入し、懸濁物質中の放射性セシウムが溶け出すことで海水の溶存態セシウム 137 濃度が上昇した調査結果も報告されています[13]。このように河川から河口域への懸濁物質の供給、河口域で懸濁物質中の放射性セシウムの溶出が海水の放射性セシウム濃度に影響を与えていることが明らかとなりました。このような陸域からの放射性セシウムの供給過程

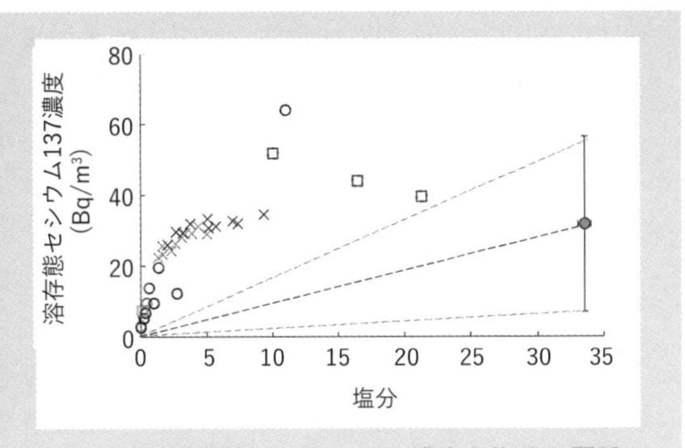

図 C4-2　溶存態セシウム 137 濃度と塩分の関係
○、×は夏井川河口、□は仁井田川河口、●は海水の平均濃度、エラーバーは標準偏差（n=12）、------は希釈直線。

については、今後とも注意深く監視すべき現象の1つと言えます。

極沿岸部における不均一性：2章で述べたように東電福島第一原発事故後の数年における観測結果より、東電福島第一原発事故由来の放射性セシウムは海水の移流・拡散により拡がったことが示されました。周辺の流れにより沖合（東方向）へは拡がらず、等深線に沿う南向きの輸送が顕著であったと考えられています[14)]。しかしながら調査船などの大型船舶が使用できない水深数m程度の極沿岸での海水の放射性セシウム濃度に関する情報は極めて限定的でした。このような情報は海藻類など浅海域に生息する生物にとって重要な情報です。そこで水産機構は福島県水産海洋研究センターと共同で、2013年から福島県の極沿岸域全体をカバーする16定点における海水の放射性セシウム濃度のモニタリングを開始しました。2020年9月までの15回に及ぶ網羅的な調査により、極沿岸部における海水の放射性セシウム濃度変化の特徴が明らかとなりました（図C4-3）[15)]。この調査においても2章で述べた沖合海域と同様、2015年頃までは定点間での放射性セシウム濃度のばらつきが大きかったものの、東電福島第一原発の南側の海域での濃度は北側に比べて高い傾向が続きました。その後は

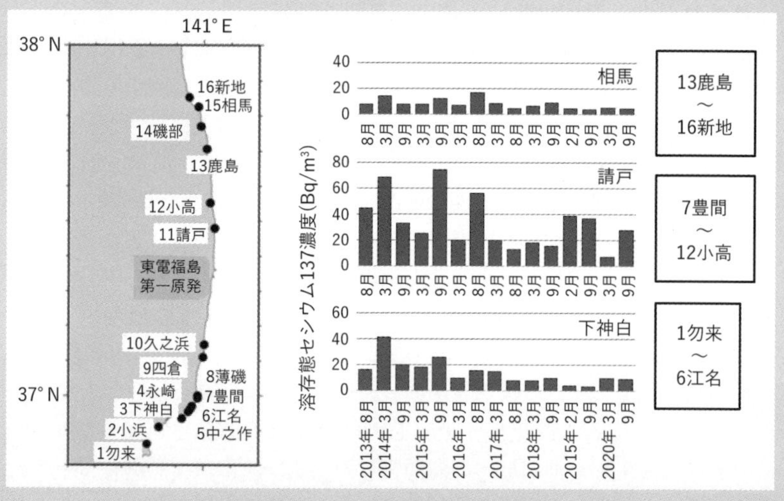

図C4-3　福島県全域の極沿岸での海水採取場所（左図）および北部、中央部、南部の代表的なセシウム137濃度の推移（右図）

直接漏洩の影響が小さくなり、原発敷地内への地下水の流入を防ぐ目的で設置された遮水壁の完成などもあり、極沿岸部全体の放射性セシウム濃度は低下し、定点間におけるばらつきも小さくなりました。このように濃度が低下し、分布の不均一性も解消されたことによって、放射性セシウムの分布は原発の南北における差というよりもむしろ、原発からの距離に応じた濃淡として現れるようになりました。特に東電福島第一原発の南の海域では地形の影響を反映し、海岸線が北東から南西方向へと向かう合磯岬よりも南の海域（勿来〜江名）での放射性セシウム濃度は調査期間中、一貫して原発北部（鹿島〜新地）と同程度の低濃度で推移していたことが明らかとなりました[15)]。近年は直接漏洩の影響が大幅に少なくなり、地形に伴う水平分布の特徴や、長期的な継続が懸念される河川を経由して供給される陸起源懸濁物質からの放射性セシウムの溶出プロセスなど、海水のセシウム 137 濃度変動が小さくなったことで見えるようになってきた現象についての解明が重要な段階になったと認識しています。このように変動が小さくなった海水の放射性セシウム濃度を決定するプロセスを解明することは、海洋生物の放射性セシウム濃度の長期変動を理解するための重要な基盤情報となります。

2-3 海底堆積物へ沈着した放射性セシウム

東電福島第一原発事故により海洋環境へ放出された放射性セシウムの大部分は海水として北太平洋へ広く拡散しました。一方、東電福島第一原発から直接漏洩した高濃度汚染水は沿岸の海底堆積物を構成する粒子とも接触したと考えられており、沖合の海底堆積物の放射性セシウム濃度も海水同様に上昇したことが明らかとなっています[32)]。水産機構では 2011 年 12 月、2012 年 7 月に福島県および近隣県沖合の水深 200 m 以浅の大陸棚における海底堆積物に含まれる放射性セシウム濃度の水平分布を詳細に把握するための観測を行いました[33)]。また国によるモニタリング調査や、大学等研究機関による様々な調査結果から、事故後数年間における海底堆積物中の放射性セシウムの分布状況が明らかにされました[34)]。これらの調査結果をまとめると、東電福島第一原発より南の水深 100 m 以浅の海域において海底堆積物の放射性セシウム濃度が高いこと、海底堆積物の表層（例えば 0 ～ 3 cm）において放射性セシウム濃度が高いことが明らかとなりました（図 2-6）。このような特徴は東電福島第一原発事故直後に高濃度汚染水が通過した海域と概ね一致しており、海底堆積物中の粒子が高濃度汚染水に直接接触することにより放射性セシウム濃度分布が決定されたことを強く示唆しています[32) 34)]。

海底堆積物は、海水に比べて極めて大きな密度の物質で構成されていることから、海底で放射性セシウムの分布が一度形成されると、その変動は非常に小さいことが予測され、海底堆積物に沈着した東電福島第一原発事故に由来する放射性セシウムが長期間とどまり続ける懸念があります。この状況は、例えばカレイやヒラメなどのように海底に接触して生活する魚種に影響を与える可能性があり、放射性セシウム濃度の分布予測が必要となります。正確な予測を行うためには海底堆積物に含まれる放射性セシウムの長期的な変動を把握するこ

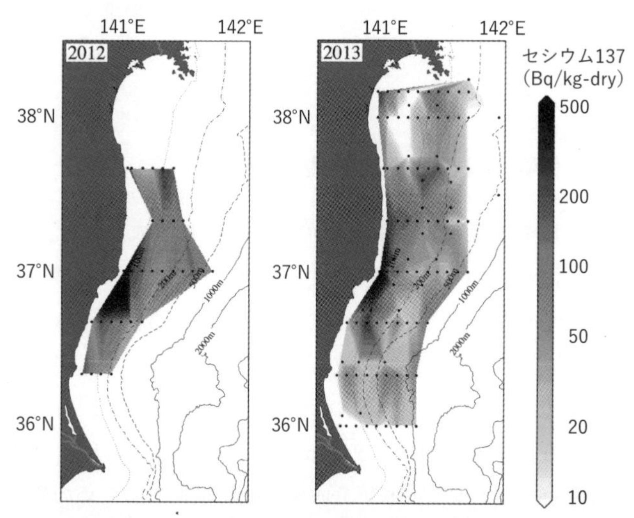

図 2-6　夏季（7 月～ 9 月）における海底堆積物表層（0 ～ 1 cm）のセシウム 137 濃度の水平分布

左図は 2012 年、右図は 2013 年の結果。（データは水産機構および原子力規制庁による事業報告書より引用）

とが重要であり、放射性セシウム濃度のモニタリングに加え、時空間変動を支配する要因を解明することが必要です。このような観点に基づき、海底堆積物の放射性セシウム濃度の鉛直分布と堆積速度の関係[35) 36)]や、海底堆積物の物性と放射性セシウム濃度の関係[36) 37)]、海底地形と放射性セシウム濃度の関係[38)]などについて考察されてきました。例えば東電福島第一原発事故由来の放射性セシウムは事故後数年において、同様の海洋条件のもとで知られているような堆積速度では説明できない深さまで到達している事例が報告されています。これは海底堆積物深部への間隙水を介した鉛直拡散、余震に伴う堆積物の再擾乱、あるいは海底に穴を掘る底生生物（ベントス）による生物擾乱などが主たる要因となり、堆積物の深部まで東電福島第一原発事故由来の放射性セシウムが到達したと考えられています[35) 36)]。また海底堆積物の放射性セシウム濃度は中央粒径や有機物含有率との相関が認められていることから、放射性セシウム濃度を規定する要因としては、海底堆積物中の鉱物の表面吸着画分や有機物画分が重要であることが示唆されています[33) 38) 39)]。特に粘土鉱物は砂質より粒径が小さく、相対的に表面積が大きくなることから放射性セシウム濃度が高くなることが以前から観察されており、今回の事故により放出された放射性セシウムについても粘土鉱物の多い水深 100 m 周辺において高濃度となる傾向があります[33)]。海底堆積物に含まれる有機物画分において放射性セシウム濃度が高い観測事例[39) 40)]も報告されていますが、海底堆積物に含まれる有機物の存在量は少ないことが分かっています。また放射性セシウム濃度の高い有機物がどのようにして生成されたかについては未解明です。例えば事故直後に沿岸を漂っていた植物プランクトン等が高濃度汚染水に晒されて生成された有機物粒子なのか、津波による大規模な海底擾乱に伴い再懸濁した海底堆積物の有機物粒子か、はたまた河川を経由した陸上の有機物なのか、など起源を明らかにすることは現時点では困難です。さらに海底堆積物の放射性セシウム濃度はばらつきが非常に大きく[32)]、一箇所の堆積物を対象に、その濃度の決定要因を絞り込むことが難しい状況にあります。このように一箇所の堆積物に関して時間変化を評価できない海底堆積物については、放射性セシウム以外の物理、化学

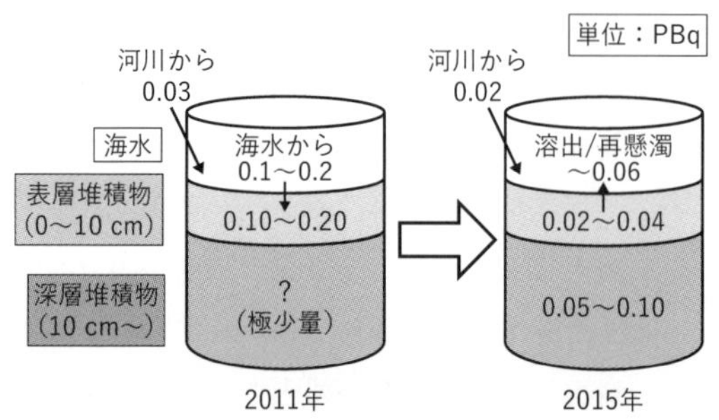

図 2-7　水深 100 m 以浅における海底堆積物のセシウム 137 存在量の 2011 年と 2015 年の比較
（数値は Otosaka[36] に基づく）

パラメータを参照しつつ、点で評価する濃度ではなく、面で評価する総量について議論することで、2011 年から 2015 年までにどのように変化したかを明らかにすることに成功した事例もあります（図 2-7）[36]。また事故直後のデータは限られますが、海底から 10 cm より深い層では放射性セシウム濃度の上昇はほとんど認められなかったようです。

しかし、浅海域では高濃度汚染水の影響が減少し、放射性セシウム濃度の高い粒子が堆積物の表層から深層へ移動したり、水中へ再懸濁したり、あるいは粒子から放射性セシウムが溶出するなど、比較的反応速度の早い過程を経て、表層堆積物中の放射性セシウムの総量は減少し、10 cm 以深における存在量が相対的に増加した観測事例が報告されています[38]。その後の追跡調査により、2015 年以降は変化に時間を要する現象である間隙水中の放射性セシウムの拡散や、高濃度汚染水に比べ陸域からの供給量の影響が相対的に増加したことが確認されています[41]（コラム 5 参照）。

【コラム5】　海底堆積物中の放射性セシウム濃度

海水中の放射性セシウムは、海底面との接触による海底堆積物への吸着や、海水中の懸濁物と一緒に沈降することで、海底堆積物へと移行します。東電福島第一原発事故直後、ヒラメやカレイに代表される底魚類中の放射性セシウム濃度は表～中層の魚類に比べて高く、しかもなかなか下がりませんでした。このような背景から、海底堆積物中の放射性セシウム濃度の調査が東電福島第一原発事故後、継続して実施されています。

海底堆積物中の放射性セシウム濃度の計測方法は様々あります。例えば、計測機器を海底に降ろしてγ線計測する方法もありますが、放射性セシウム濃度の推定のために様々な仮定が必要になり、その分推定濃度値も不確実性を含むことになります。水産機構では、採泥器を用いて海底堆積物サンプルを採取し、研究室で測定を行っています。これは最も基本的かつ直接的な調査方法です。底生生態系においては、海底のごく表面に生息する生物や堆積物中に潜る生物など様々な種が存在しています。これらの種々の生物への放射能汚染の影響を調べるためには、三次元的な放射性セシウムの動態を把握する必要があります。そのため、堆積物をかく乱させずに柱状で採取できる採泥器を使用し、採取された柱状堆積物を船上で数 cm の厚みにスライスしたのち、冷凍保存して持ち帰ります。得られたサンプルは研究室で乾燥処理した後、ゲルマニウム半導体検出器でγ線を測定して乾燥堆積物 1 kg あたりの濃度（Bq/kg-dry）を算出します。一方、環境放射能分野では通常、海底堆積物中の放射性核種の濃度は単位面積あたりの存在量（Bq/m^2）として示されます。この単位で表現するためには、前述の濃度の単位（Bq/kg-dry）を変換しなければなりません。そのためにまず、海底堆積物の含水率を予め分析しておき、乾燥前の値（Bq/kg-wet）に変換する必要があります。それなら初めから堆積物を乾燥させずにγ線測定すれば、含水率の分析は必要ないのでは？　と思われるかもしれません。しかし、海水中の放射性セシウム濃度は堆積物中の濃度に比べて非常に低く、水分を含んだ状態の堆積物はその分放射性セシウムの濃度が低くなってしまいます。その結果、γ線測定の際にバックグラウンド（測定環境の自然放射能レベルのこと）との差が小さくなってしまい、結果的に測定誤差が大きくなってしまいます。また、水はγ線を遮蔽するため、実際の堆積物中の放射性セシウム濃度を過小評価してしまいます。これらの誤差を避けるために、含水率の他にも乾燥前の海底堆積物の密度（$kg\text{-}wet/m^3$）を予め分析しておくことで、単位を Bq/m^2 とした値を得ています。乾燥後の堆積物密度（$kg\text{-}dry/m^3$）は、堆積物中の粒子間の空隙も体積に反映されて、これも誤差を生んでしまう原因となるので、使用を避ける必要があります。

図 C5-1　柱状採泥器による採泥風景、および採泥試料のサンプリング（数 cm の厚みにスライス）風景

このようにして得られた海底堆積物中の放射性セシウム濃度の時間変化を図 C5-2 に示します。これを見ると海底面から 10 cm までの深さの海底堆積物中の放射性セシウム存在量は、2013 年から 2020 年の間に半分以下へと減少していることが分かりました。2013 年や 2015 年には、堆積物の表層（海底面に近い）ほど放射性セシウム存在量が多い傾向を示しましたが、2016 年以降は次第に深い層との存在量の差が少なくなっていく傾向も明らかになりました。また図 C5-3 は、2013 年から 2019/2020 年にかけての、各地点での表層（0 ～ 1 cm）と少し深い層（4 ～ 6 cm）の放射性セシウム存在量の増減率を示した結果です。これを見ると、表層ではほとんどの場所で放射性セシウム存在量が減少しています。一方で深い層では、調査海域の沖合や南方で存在量が増加しています。つまり、東電福島第一原発事故後数年の間に、表層の堆積物が海底付近の流れなどにより沖合や南方へ輸送されたあと、汚染されていない新しい堆積物が海底面に積もり、放射性セシウムが沖合や南方の深い層へと徐々に移行していったと考えられます。また図 C5-2 でも示したように、東電福島第一原発事故由来の放射性セシウムの半分以上は、この調査範囲よりも外側の領域に移動したと考えられます。これらの結果は、東日本沿岸域の底生生態系への放射能汚染の影響が確実に低下していったことを示しています。

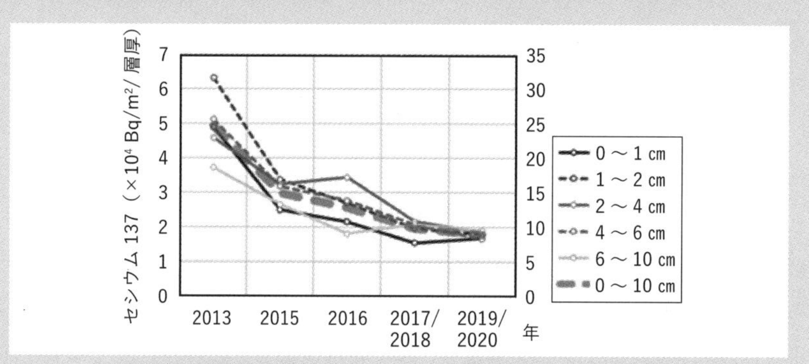

図 C5-2　水産機構の海底堆積物調査による、調査範囲全体での各層のセシウム 137 の平均存在量の時間変化

右軸は 0 ～ 10 cm の合計存在量

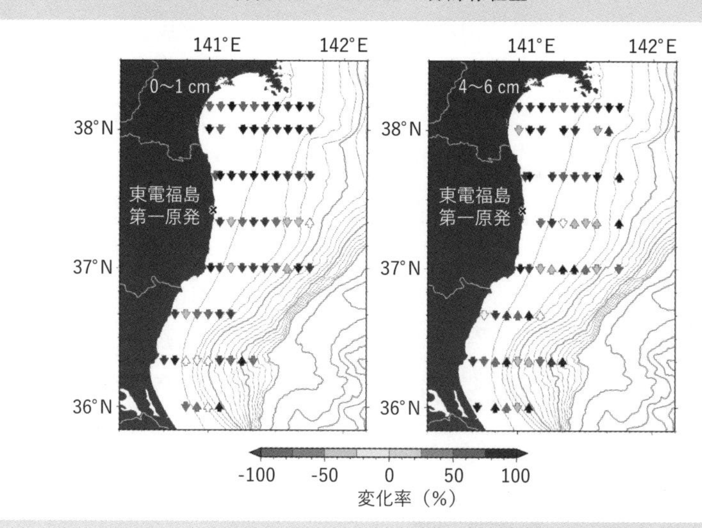

図 C5-3　2013 年～ 2019/2020 年の各調査点のセシウム 137 存在量の変化率

上矢印は増加、下矢印は減少したことを示す。左図は海底面の表層（0 ～ 1 cm）、右図は海底面から少し深い層（4 ～ 6 cm）。

このように水深200 m以浅の大陸棚における海底堆積物の放射性セシウム濃度は時空間的に非常に大きく変動しました。一方で、水深1,000 m以深の沖合の海底堆積物への放射性セシウムの供給を考えると、海底堆積物の上層すなわち海底直上の水柱における粒子の沈降プロセスを把握することが重要になります。沿岸と異なり、沖合における東電福島第一原発事故由来の放射性セシウム濃度の上昇は表層の海水に限られ、海底近傍まではほとんど影響が認められませんでした[15) 16)]。そのため溶存態の放射性セシウムが海底堆積物粒子に直接接触する機会は無視できるほど小さいと考えられます。一方で、沖合の表層では主に大気降下物に伴う東電福島第一原発事故由来の放射性セシウムが分布しています。そのため表層における生物活動（植物プランクトンによる一次生産、動物プランクトンによる捕食、糞粒の排泄など）に伴って生じる粒子や、大気から降下する塵等の粒子に海水中の放射性セシウムが取り込まれます。この放射性セシウムを含んだ粒子は海水よりも密度が大きいことから深層へと沈降し、やがて海底に到達して海底堆積物の新たな表層を形成します。このような沖合における粒子の沈降に伴う物質、エネルギー、そして放射性物質の鉛直輸送の実態を把握するために用いられるのがセジメントトラップです（図2-8）。東電福島第一原発事故が発生した2011年３月、海洋内部における炭素循環の解明を主目的とした観測として、西部北太平洋亜寒帯域、亜熱帯域および日本海でセジメントトラップの係留観測が実施されていました[42) 43)]。これらのセジメントトラップで2011年の春季に捉えられた沈降粒子の一部から、東電福島第一原発事故に由来するセシウム134が検出されています。これらの海域は東電

図2-8　沈降粒子を集めるセジメントトラップの回収

福島第一原発から約500 km以上離れていますが、海面には東電福島第一原発事故由来の放射性セシウムが降下したと考えられており、そのタイミングがシミュレーションモデルなどから推定されています[44]。これらの推定結果をもとにして、東電福島第一原発由来のセシウム134を含んだ粒子がセジメントトラップの係留水深まで沈降した日数が明らかとなり、粒子の沈降速度を見積もることができました。海面から水深1,000 m程度までの粒子の沈降速度は西部北太平洋亜寒帯域、亜熱帯域および日本海で数十 m/dayと見積もられ、チョルノービリ原発事故後に大西洋や地中海で観測された値と同程度であることが明らかとなりました[42) 43]。これら外洋でのセジメントトラップ観測は東電福島第一原発事故の半年以上前から開始されていたものですが、東電福島第一原発事故発生後の2011年夏季には福島県沖の水深1,000 m付近において複数のセジメントトラップによる係留観測が開始されました。これらの観測結果から、水深1,000 m付近において、放射性セシウムを輸送する沈降粒子を構成する物質は海洋での生物生産に起因する粒子よりも陸からの影響が強い鉱物粒子などで構成される浅海域の海底堆積物粒子により形成されること[45]、浅海域の海底堆積物が大型台風の通過のような気象擾乱に伴い再懸濁し沖合へ輸送されことなどが明らかとなりました[46]。なお、浅海域における海底堆積物の再懸濁については、台風や急速に発達する低気圧などの一時的な気象擾乱に限らず、波や潮汐など継続的なエネルギーにより発生することが現場観測の結果から明らかになっています[47]。さらに近年は海底近傍での再懸濁粒子の分布、放射性セシウム濃度の把握など、より詳細な観測が行われています（コラム6参照）。

【コラム6】海底境界層付近での懸濁粒子の動態

海底表面の堆積物は、海底直上の流れにより巻き上がり、自重により再び沈降する過程を繰り返しながら輸送されていると考えられます（図C6-1）[1]。大量の放射性セシウムが流出した福島県の沿岸から沖合への放

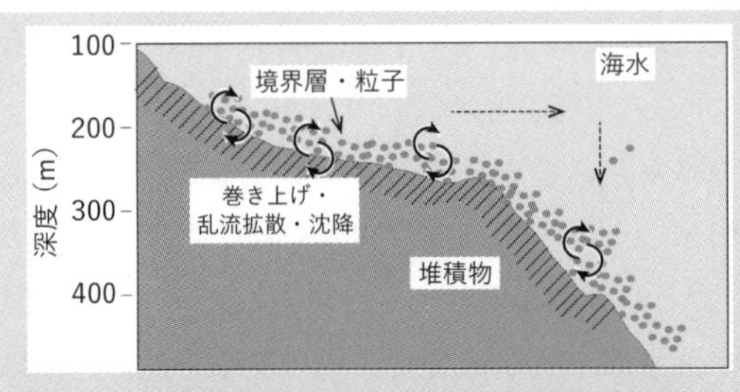

図 C6-1　海底境界層付近の粒子状物質の動態に関する模式図

射性セシウムの輸送過程を明らかにするためには、表層での流れによる輸送に加え、海底堆積物が巻き上がり再び輸送されていく過程の把握も重要な課題です。本コラムでは海底付近に漂っている懸濁粒子の動態、特に、どの深度帯に高濃度の懸濁粒子が分布するのか、さらには、それらの粒子に吸着したセシウム濃度はどの程度なのかに着目した研究を紹介します。

水産機構では、2017年度より、仙台湾から常磐沖の太平洋における広範囲の海域で懸濁粒子の動態に関する現地調査を実施しました。調査では、現場型粒径・粒度分布計や現場型ホログラフィ式水中パーティクルイメージングシステムなどのレーザー光線を利用した測器（LISST-100X、200X、HOLO：Sequoia Scientific 社）を用いて粒径別の懸濁粒子濃度とその形状を計測するとともに、現場ろ過装置を用いて海底境界層内の懸濁粒子を収集して放射性セシウム濃度を測定しました[2) 3)]。

図 C6-3 に、現場調査から得られた海水密度や粒径別の懸濁粒子濃度の鉛直分布の例を示します。海底付近では、海水の密度が一様となる海底境界層をたびたび確認しました（図内の両矢印の範囲）。また海底境界層内では懸濁粒子濃度の増加が認められました。これは海底表面の堆積物が巻き上げられた後、海底付近に生じた活発な乱流拡散により形成されたものと考えられます[4) 5)]。

図 C6-2　LISST

海中を漂う粒子のサイズ組成および形状を観察する装置 (LISST-200X および LISST-HOLO)。

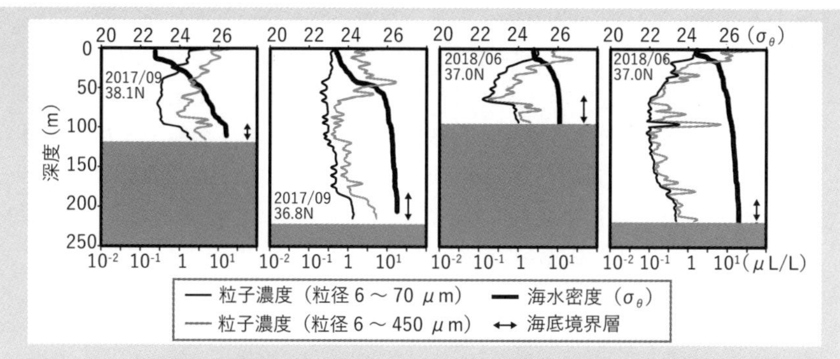

図 C6-3　仙台湾から常磐沖の太平洋における海水密度および懸濁粒子濃度分布の例

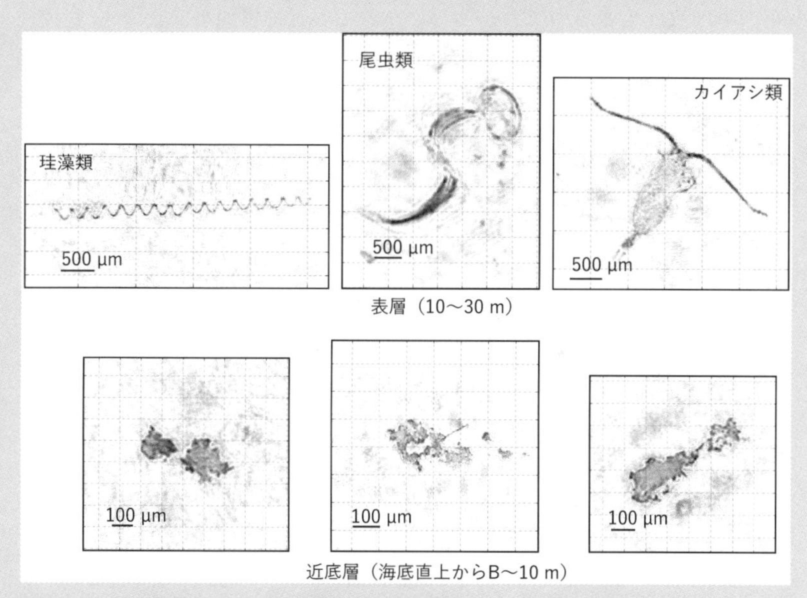

図 C6-4　粒子画像ホログラム測器による画像計測例（上段は表層、下段は近底層で観察された画像）

スケールバーは上段が 500 µm、下段が 100 µm。

粒径ごとの総懸濁粒子濃度を調べたところ、表層付近の高濃度層では比較的大粒径（>70 µm：例として図 C6-3 内の左側 2 枚のパネルの灰色細線）の、海底の近くでは比較的小粒径（<70 µm：図 C6-3 内の右側 3 枚のパネル

の黒色細線）の寄与が相対的に大きくなることが分かりました。さらに懸濁粒子濃度の高い層の粒子形状をホログラム画像解析によって調べたところ（図 C6-4）、海底付近（近底層）では非生物、堆積物由来のものと推察される形状が多く確認され、これらが粒径 100 μm 以下の粒子として懸濁粒子濃度の増加に寄与しているものと考えられます。一方、表層付近（深度 10 ～ 30 m 程度）では大型のプランクトンが多く確認されたことから、これらが表層での大型粒径の粒子として懸濁粒子濃度の増大に寄与しているものと推察されました。

これまでの調査で得られた海底境界層の厚さ、ならびに海底境界層内での懸濁粒子濃度の分布結果を図 C6-5 に示します。仙台湾から常磐沖の太平洋では海底境界層の厚さが沖合になるにつれて増加し、数十 m 程度に達すること、また境界層内の懸濁粒子濃度の鉛直積分値は、水深 100 m 程度の浅海側と比べて沖合側で減少しつつ、概ね 10 ～ 50 μL/m^2 であることが明らかになりました。さらに境界層内で現場ろ過器（図 C6-6）により採取された懸濁粒子のセシウム 137 濃度は 30 ～ 190 Bq/kg-dry の範囲にあり、堆積物中のセシウム 137 濃度（数～ 85 Bq/kg-dry）よりも高濃度であることが確認されました。

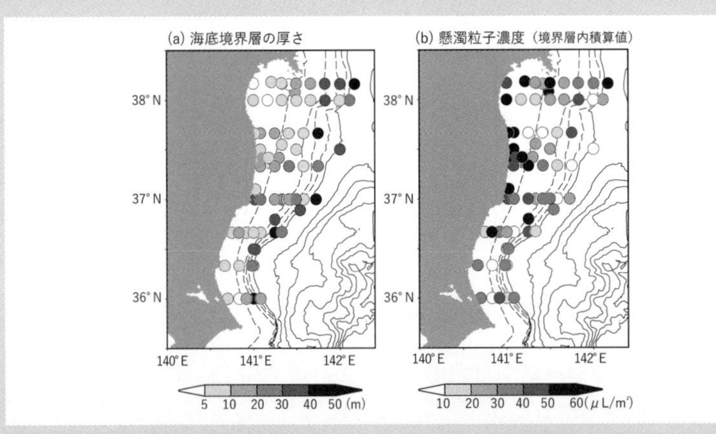

図 C6-5　仙台湾から常磐沖の太平洋における海底境界層の厚さと懸濁粒子濃度の境界層内積算値の分布

等値線は水深を表しており、実線は 500 m、破線は 100 m ごと。

図 C6-6　海底近傍の粒子を集めるために改造した現場ろ過器

海底境界層内の懸濁物質濃度（g/m^3）、懸濁態セシウム 137 濃度（Bq/g）、海底境界層の厚さ（m）の積によって「懸濁態セシウム 137 存在量（Bq/m^2）」を求め（図 C6-5）、溶存態セシウム 137 濃度（Bq/m^3）と海底境界層の厚さ（m）の積によって「溶存態セシウム 137 存在量（Bq/m^2）」を求め、溶存態ならびに懸濁態セシウム 137 存在量の合計値に占める懸濁態セシウム 137 存在量の割合を見積もりました。その結果、我々の調査からは、高懸濁の海底境界層ではセシウム 137 が粒子態として存在する割合が数 % と水柱全体における割合（0.1 % 未満）[6) 7)] と比べて大きいことが示唆されました。境界層内の懸濁粒子濃度とそれに付着する放射性セシウム濃度に関する知見を蓄積することにより、海底境界層内の粒子態での放射性セシウムの総量を精度よく見積もることが可能となります。これにより得られた知見は、堆積物の再懸濁過程を含む放射性セシウムの輸送動態の理解に寄与するものと期待されます。

謝辞：本コラムで用いた調査データは、水産機構の蒼鷹丸および若鷹丸、海洋研究開発機構の新青丸による航海中に取得されました。

2-4　事故後数年における海洋生物の放射性セシウム濃度

東電福島第一原発事故により海洋へ放出された放射性セシウムの大部分は海水として広く北太平洋へ拡がりました。また一部は東電福島第一原発沖合の大陸棚の海底堆積物へと沈着しました。このように海洋ではほとんどの放射性セシウムは海水および海底堆積物として存在するのですが、当然、海洋生物にも取り込まれ、事故直後は食品である水産物の汚染も深刻な状況に陥りました[48)]。水産庁による緊急モニタリング調査は事故直後の 2011 年 3 月 24 日から開始され、これまでに非常に多くの検査結果が公表されています[49)]。また食品としての水産物の放射性セシウム濃度の測定は福島県においても重点的に実施され、魚種別、生息海域別の濃度の推移がまとめられてウェブサイトで公開されています[50) 51)]。また放射性セシウムが餌生物を通して環境から水産物へ移行することを考慮して、餌生物であるプランクトンやベントスの放射性セシウム濃度の時系列変動についても明らかになっています[26) 52) 53)]。また大型藻類（海藻、海草）についても、いくつかの報告があります[54) 55)]。これらのモニタリングから明らかになったのは、浮魚類と底魚類で放射性セシウム濃度の時間変化が異なることでした[50) 56)]。浮魚類の放射性セシウム濃度は周辺の海水の放射性セシウム濃度の低下に追随し、事故後半年から１年程度で速やかに低下しました。一方で底魚類の放射性セシウム濃度は事故後の数年間において、低下速度が浮魚類と比べて遅いことが明らかになってきました。また多くの小型浮魚類の餌生物となる動物プランクトンの放射性セシウム濃度も事故直後には高濃度になりましたが、海水の放射性セシウム濃度の低下速度より約２倍遅い速度で低下していることが明らかとなりました[26)]。一方で底魚類の餌生物と考えられるベントスに含まれる放射性セシウム濃度の低下速度は海水の低下速度よりも極めて遅く、海底堆積物の低下速度に近いことが明らかとなりました[53)]。魚類および餌生物の放射性セシウム濃度の時系列変動を整理すると、海水中に生息する動物プランクトン、浮魚類では海水における減衰状況に、海底近傍に生息するベントス、底魚類では海底堆積物における減衰状況に支配されることが見えてきました。

東電福島第一原発の近傍海域における海洋生物の放射性セシウム濃度変化の状況は、上記のように動物プランクトンに代表される漂泳区生態系とベントスを中心とする底生区生態系では放射性セシウム濃度の低下傾向に違いが見られ、その違いは海水と海底堆積物の放射性セシウム濃度の時間変動に起因していると言えます。そして東電福島第一原発近傍の海域において漁獲対象となる水産物の放射性セシウム濃度の変動傾向のうち、特に重要な種については、生態学的特性などと合わせた詳細な解析が行われています[57) 58) 59)]。例えば年齢別解析により、事故前生まれと事故後生まれでセシウム137濃度が大きく異なる種、代謝活性が低下する高齢個体ほどセシウム137濃度が高くなる種、あるいは事故当時の分布水深の違いが数年後までのセシウム137濃度の違いに反映される種、など魚種により様々な特徴を示すことが明らかとなってきました。事故後数年における水産上重要な魚種の特徴については既に2016年出版の叢書に解説されています[60)]。魚種ごとの放射性セシウム濃度の違いについては3章以降にて詳しく解説します。また東電福島第一原発の港湾内[61)]、河口の汽水域[62)]など特徴的な海域に生息する魚類に関する知見も報告されています。原発港湾内で採取した魚体では、その近傍海域を含めた沿岸や沖合で採取した同じ魚種と比較すると、当然ながらセシウム137濃度は比べ物にならないほど高い値を示しました[61)]。また事故後数年の間は、港湾の外においても、ごくまれにセシウム137が非常に高濃度な魚類が採取されることがありました。例えば2012年8月にはセシウム137濃度が16,000 Bq/kgのアイナメが原発近傍20 km圏内で採取されました[63)]。同時期、同海域におけるアイナメのセシウム137濃度は10～100 Bq/kg程度であり、このように極めて高濃度なアイナメが天然の環境で放射性セシウムを取り込んだとは考えられませんでした。そこで水産機構ではアイナメを重点的にモニタリングし、実測値を増やしてセシウム137濃度の確率分布を求めました。その結果、原発港湾の外に生息するアイナメ母集団において16,000 Bq/kgの個体が存在する確率は1,000万分の1程度と極めて低く、16,000 Bq/kgというセシウム137濃度は原発港湾内にいたアイナメのセシウム 137 濃度分布の範囲内と見なすことが妥当であることを統計学的に明示しました。そのため、このような個体が東電福島第一原発近傍の海域に普遍的に存在するのではなく、原発港湾内から逃げ出したものと結論づけました[63]。

東電福島第一原発事故から数年間における海水、海底堆積物、魚類やプランクトンなどの海洋生物の放射性セシウム濃度の変化は以下のようにまとめることができます。東電福島第一原発からの高濃度汚染水の直接漏洩が停止したことにより、海水の放射性セシウム濃度が指数関数的に低下していきました。沿岸の海底堆積物の表層に沈着した放射性セシウムは、海底堆積物の深層や沖合へと移動しました。漂泳区生態系を構成する生物であるプランクトンや浮魚類の放射性セシウム濃度は、海水の放射性セシウム濃度の変動に一定の時間差を伴いながら追随して事故から半年ほどで急激に低下し、その後も緩やかな濃度低下が維持されています。底生区生態系を構成する生物であるベントスや底魚類の放射性セシウム濃度は、海底堆積物の放射性セシウム濃度の分布と同様に空間的な変動が非常に大きく、また濃度の低下速度も海水、漂泳区生態系の構成生物に比べて緩やかでした。このような生態系全体における変動傾向は、事故直後における高濃度汚染水の直接漏洩という点線源から放出された大量の放射性セシウムによる一次的な現象を捉えたと言えます。一次的な現象から様々な過程を経て複雑化して行く中・長期的な変動傾向を明らかにすること、特に生理・生態に不明な点が多い海洋生物を対象に変動過程を解明することは非常に困難な課題です。水産機構ではこの難題に対し、精力的に実施した現場観測にて得られた膨大なデータセットを武器に、東電福島第一原発事故に伴う放射性セシウムの中・長期的な変動傾向を様々な視点から明らかにする取り組みを 10 年間継続してきました。

次章以降にこれらの成果の一端を紹介します。

第3章　海産魚類の放射性セシウム濃度

3-1　事故前の海産魚類における放射性セシウムの汚染機構

東京電力福島第一原子力発電所（東電福島第一原発）の事故により、大量の放射性セシウム（セシウム134およびセシウム137）が放出され、周辺海域とそこに生息する海洋生物を汚染しました。しかし、この事故が起きる以前から、我が国周辺の海洋環境中には主に1950年代から60年代にかけて北半球で行われた大気圏内核実験に由来するセシウム137が存在していました。図3-1は環境放射能データベース[1)]より抽出したデータに基づき、1985年から2020年の間にオホーツク海、太平洋、日本海、東シナ海で採取した表層海水中に含まれるセシウム137濃度の推移を示したものです。我が国周辺の海水中には数mBq/L程度のセシウム137が存在し、海洋生物からも数～数百mBq/kg-wet程度が検出されていました[2)]。

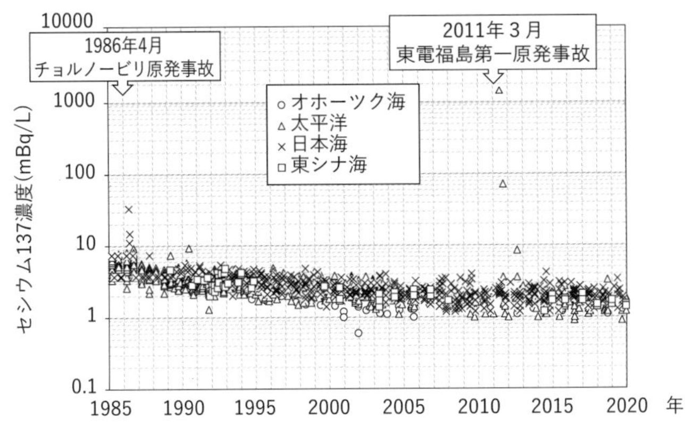

図3-1　我が国周辺の表層海水中に含まれるセシウム137濃度の推移

（出典：環境放射能データベース[1)]）

魚類中の放射性セシウム濃度は、周辺の環境水および餌生物を介して取り込む量と、代謝によって排出される量との差によって決まります。海洋生態系内において、海水中の放射性セシウム濃度が一定に保たれ、環境および生物間における放射性セシウムが相互に移行して平衡状態にあるとき、海洋生物の濃度が海水の濃度の何倍程度になるのかを評価する指標として、濃縮係数（concentration factor、海洋生物の放射性セシウム濃度 / 海水の放射性セシウム濃度）がよく用いられます。東電福島第一原発の事故前、1992 年から 1995 年にかけて我が国周辺で採取された海産魚類におけるセシウム 137 の濃縮係数は、大型で魚食性のスズキで 94 ± 11(n = 57)、同じく魚食性のヒラメで 70 ± 12(n = 53)、甲殻類食性のアイナメで 45 ± 10(n = 6)、プランクトン食性のハタハタで 33 ± 8(n = 22)、ベントス食性のマガレイで 27 ± 5(n = 19) であったと報告されています [2)]。このように、海産魚類のセシウム 137 濃度には食性（餌生物）の違いが影響しており（魚食性＞甲殻類食性＞プランクトン食性≒ベントス食性）、生態系内の栄養段階が高い魚種ほど濃度が高くなる生物濃縮（bioaccumulation）という現象が認められます。セシウム 137 の場合、捕食生物の濃度は食性に関わらず餌生物の 2 倍程度の濃度になることが報告されています [2)]。また、同じ海域で採取した同じ魚種内では、体サイズが大きい個体ほど放射性セシウム濃度が高くなる傾向が認められます。これは、一般に大型で高齢の個体ほど代謝速度が遅くなることや、成長に伴って栄養段階がより高次の餌生物へと変化する場合があることなどが影響していると考えられます [3)]。ただし、魚類の体内に取り込まれた放射性セシウムは特定の部位に蓄積し続けることはありません。体内に取り込まれた放射性セシウムは、同じアルカリ金属に属するカリウムやナトリウムと同様の挙動を示すため、時間の経過とともに代謝によって体外に排出されます。特に海産魚類では、周辺の海水に含まれる多量の塩類から体内の塩濃度を一定に保とうとする浸透圧調節機構により、体内の放射性セシウムは他の塩類とともに能動的に排出されることが分かっています [4)]。海産魚類の可食部における放射性セシウムの濃縮係数（50 ～ 100）が、体内に蓄積するカドミウム（5,000）や水銀（30,000）などと比較して低い値になるのはそのためです[5)]。

3-2　事故後の海産魚類における放射性セシウム濃度の時空間的推移

図3-2は水産庁ウェブサイトに公表されているモニタリングデータ[6)]から、福島県沖で採取した浮魚類のシラス、カタクチイワシ、マイワシ、マサバ、クロマグロと、底魚類のアイナメ、ヒラメ、マガレイ、ミギガレイのデータを抽出して放射性セシウム濃度の推移を示したものです（エクセルシートの都道府県名等の項目で「福島県」および「福島県漁業協同組合連合会」を選択）。シラスは主にカタクチイワシとマイワシの仔稚魚になります。

このモニタリングデータにおける海産魚類試料の放射性セシウムの検出下限値は、測定試料の量や測定時間によって異なりますが、およそ5～10 Bq/kg-wetです。放射性セシウム濃度はすべての魚種において時間の経過とともに

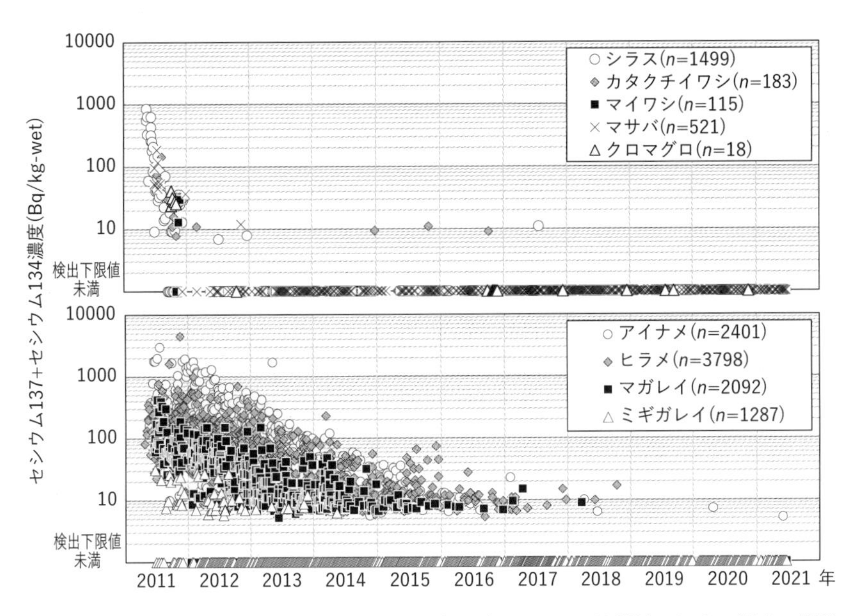

図3-2　福島県沖の浮魚類（上図）と底魚類（下図）における放射性セシウム濃度の推移

に低下傾向にあることが分かります。一方で、低下速度や濃度の個体（検体）差は、魚種間で大きく異なり、浮魚類では事故後半年程度で濃度が速やかに低下したのに対し、底魚類では低下速度が緩やかで、種内でも濃度の個体差が大きい傾向にあります。食性と放射性セシウム濃度との関係を見てみると、事故後2、3年の間は魚食性で大型に成長するヒラメよりも、比較的沿岸の岩礁域に生息する甲殻類食性のアイナメの方が高い濃度水準で推移しています。また、同じカレイ類でベントス食性のマガレイとミギガレイでも濃度水準が異なります。このように、事故後の福島県沖では食性と放射性セシウム濃度との関係性が、事故前の序列（魚食性＞甲殻類食性＞プランクトン食性≒ベントス食性）と大きく異なっています。東電福島第一原発事故の前後で、食性と放射性セシウム濃度との関係性（序列）が大きく異なっていたということは、海洋生態系内における放射性セシウムの相互移行が平衡状態ではなくなっていたということを示唆しています。つまり事故直後～数年の間は、海水中に含まれる放射性セシウム濃度の変動が大きく、海域や海洋生物によって汚染の影響を受けた程度に差があったため、海洋生物がどのような経路からどの程度の放射性セシウムを取り込んでいたのかが分かりづらい状態であったと言えます。ここでは、事故後の福島県周辺海域における海産魚類の放射性セシウム濃度について、なぜ上述のような推移を示したのか、大まかな分類群ごとに生態学的な特徴を踏まえて考察していきたいと思います。

（1）浮 魚 類

福島県沖で採取した小型浮魚類のカタクチイワシやマイワシでは、事故後半年ほどはその仔稚魚であるシラスから当時の暫定規制値（1-2参照：2012年3月末まで）である500 Bq/kg-wetを上回る濃度の放射性セシウム（セシウム134濃度とセシウム137濃度の合算値、以後セシウム134＋セシウム137）が複数回検出されています[6]。2011年4月19日には、東電福島第一原発から南に約30 kmほど離れた南部沿岸域で採取したイカナゴの仔稚魚（コウナゴ）から、14,400 Bq/kg-wetという高濃度の放射性セシウム（セシウム134＋セシウム 137）が検出されています。事故直後に小型浮魚類から高濃度の放射性セシウムが検出された主な要因として考えられるのは、2011 年 3 月末から 4 月上旬にかけて、東電福島第一原発から漏洩した高濃度汚染水による直接的な影響を受け、放射性セシウムを体内に取り込んだ可能性です [7]。2011 年 4 月 6 日には、東電福島第一原発近傍の海水から 68 kBq/L のセシウム 137 が検出されています [8]。

また、小型浮魚類から高濃度の放射性セシウムが検出されたその他の要因として、海中を漂う汚染懸濁態物質の影響が考えられます。海洋に流入した放射性セシウムは、大量の海水によって次第に希釈・拡散していきましたが、一部は海中を漂う懸濁態の有機物や無機物などに付着しながら徐々に海底へ堆積していったと考えられています [9]。事故発生直後の福島県沿岸域では、地震や津波の影響によって海底や陸域由来の懸濁態物質が海中を多く漂っていたことに加え、大気中に放出された放射性セシウムの一部も塵などに付着して海面に降下していました（フォールアウト）。このような汚染懸濁態物質は、フォールアウトの影響を受けやすい比較的表層域を遊泳する小型浮魚類の体表面に付着したり、消化管内に混入したりした可能性が考えられます。1986 年に起きたチョルノービリ原発事故の際にも、放射性セシウムのフォールアウトによって、北欧地域の湖沼では表層を遊泳する小型魚類で最初に影響が表れたことが報告されています [10]。仔稚魚のように体サイズの小さい魚の測定試料は、多数の個体を集めて魚体全体（頭部や内臓とその内容物、表皮のすべてを含む状態）で調製するため、体表の付着物や消化管内容物を完全に取り除くことはできません。そのため、測定試料の中に意図せず混入してしまった汚染懸濁態物質が、測定値に影響を及ぼしていた可能性が考えられます。

一方で、汚染懸濁態物質の放射性セシウムは、必ずしも生物が体内に取り込める状態で存在していたわけではありません。放射性セシウムはシルトや粘土といった細かい土粒子に強く吸着する性質があり、一度吸着すると水や酸を加えてもほとんど溶け出さないことがよく知られています [11][12][13]。つまり、放射性セシウムが吸着したシルトや粘土などの無機懸濁態物質が魚の消化管内に混入したとしても、すべての放射性セシウムが体内に取り込まれることはなく、その大半は時間が経過すれば排泄物とともに体外に排出されるのです。

事故から半年程度が経過すると、福島県沖の海水に含まれる放射性セシウム濃度は速やかに低下し[14]、それに伴うように小型浮魚類の放射性セシウム濃度も速やかに低下しました。シラスを含むマイワシとカタクチイワシの２魚種では、2011年８月10日に小名浜沖で採取したカタクチイワシから140 Bq/kg-wetの放射性セシウム（セシウム134＋セシウム137）が検出されていますが、基準値が100 Bq/kg-wetに設定された2012年４月以降は、その基準値を超過する濃度の放射性セシウムは検出されていません。小型浮魚類において放射性セシウム濃度が短期間で速やかに低下した理由は、福島県沖の海水に含まれる放射性セシウム濃度が速やかに低下したことにより体内への取り込み量が減ったことや、仔稚魚が短期間で急速に成長することによって体内濃度が希釈されたこと（成長効果）などが理由として考えられます。

カタクチイワシやマイワシを餌とするマサバや、さらにそのマサバを餌にするカツオ・マグロ類においても、放射性セシウム濃度は事故後半年程度で速やかに低下しています。東電福島第一原発の事故後、我が国周辺で採取されたカツオ・マグロ類から基準値を超過する濃度の放射性セシウムは一度も検出されていません。図3-3は、1999年から2019年にかけて、我々水産機構の調査グループが東日本の太平洋側（神奈川県沖～青森県沖）で採取したマイワシ、マサバ、カツオ、クロマグロ、キハダ、ビンナガについて、筋肉部位から調製した灰化試料を測定して、セシウム137濃度の推移を表したものです。図中ではカツオ、クロマグロ、キハダ、ビンナガの４種はカツオ・マグロ類として取りまとめました。2011年にはマイワシで11 Bq/kg-wet、マサバで5.8 Bq/kg-wet、カツオ・マグロ類で最大11 Bq/kg-wetのセシウム137を検出しましたが、2012年以降はいずれも1.0 Bq/kg-wetを下回り、現在は事故前とほぼ変わらない濃度水準にまで低下しています。このように、海洋生態系の中で栄養段階の高いカツオ・マグロ類でも、東電福島第一原発事故後に生物濃縮によって放射性セシウム濃度が上昇し続けているような傾向は認められていま

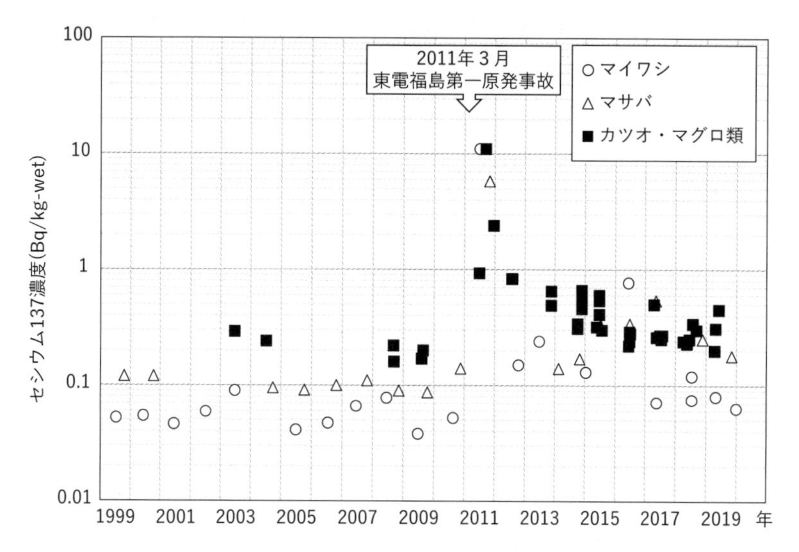

図 3-3　東日本太平洋側で採取した浮魚類におけるセシウム 137 濃度の推移

せん。これは、海水に含まれていた放射性セシウムが餌生物を介してカツオ・マグロ類に取り込まれる前に、速やかに拡散・希釈したためです。特に、カツオ・マグロ類のような広域回遊魚が主に生息する沖合域では、海水中の放射性セシウム濃度が東電福島第一原発の周辺海域と比較して低いため、飲水や餌生物を介して体内に取り込む量が、代謝によって排出される量を下回ることにより濃度が低下したと考えられます。

（2）底 魚 類

浮魚類と比較すると、底魚類では放射性セシウム濃度の個体差が大きい傾向にあります。福島県沖におけるモニタリング調査の結果からは、魚種や採取した海域によって放射性セシウム濃度には差が認められ、特に福島県南部の水深 50 m 以浅で採取した底魚類から高い濃度の放射性セシウムが検出されています[15) 16)]。この海域は事故直後に東電福島第一原発から直接漏洩した高濃度汚染水が流れたと考えられており[8]、海底堆積物や底魚類の餌生物となるベントス（底生生物）からも他の海域と比較して高い濃度の放射性セシウムが検出されています[17) 18]。ただし、ベントスである小型の甲殻類や多毛類などについては、先に述べた小型浮魚類の仔稚魚と同様に、ほとんどの場合で測定試料を生体全体で調製します。そのため、摂餌の際などに消化管内に混入した海底堆積物などは完全に取り除くことができません。したがって、ベントスにおける放射性セシウム濃度の解釈には注意が必要です[19]。

Tateda *et al.*[20] は原子力規制委員会の海水公表データ[21] に基づき、餌生物からの取り込みや、代謝による排出も考慮したシミュレーション解析を行い、2011 年 4 月上旬の時点で東電福島第一原発から南に約 30 km 離れた水深 25 m 地点（St. T-12）の海底付近には、事故直後の直接漏洩に由来する 100 Bq/L 超のセシウム 137 を含む海水が存在し、同海域の底魚類は主にこの高濃度汚染水からの取り込みで放射性セシウム濃度が高くなったと考察しています。我々の調査グループは事故から約 1 年後の 2012 年の 5 月に、この St. T-12 付近の水深 20 m 域と、その沖合の 50 m 域および 100 m 域の計 3 地点で水深帯別にアイナメを採取し、個体別に筋肉部位の放射性セシウム濃度を測定しました[22]。アイナメは岩礁域に生息する定着性の強い底魚のため[23]、事故直後に受けた影響について海域・水深間で比較評価するには適した魚種だと言えます。測定の結果、水深 20 m 域で採取したアイナメは全長にかかわらずすべての個体が 500 Bq/kg-wet を超える高濃度の放射性セシウム（セシウム 134 ＋セシウム 137）を含んでおり、水深 50 m 域や、100 m 域で採取した個体と比較して有意に高い濃度でした（t 検定：$p< 0.01$、図 3-4）。調査を実施した 2012 年 5 月に St. T-12 の下層で採取した海水の放射性セシウム濃度は、セシウム 134 が 90　mBq/L、セシウム 137 が 130 mBq/L の濃度であり[21]、その海域に生息する底魚類の放射性セシウム濃度を数百 Bq にするような濃度水準ではありません。したがって、我々が行ったアイナメの調査結果は、Tateda *et al.*[20] の考察を裏付けていると言えます。このように、事故後の福島県沖では直接漏洩した高濃度汚染水が海底付近まで強く影響を及ぼしていた海域が南部沿岸域に局

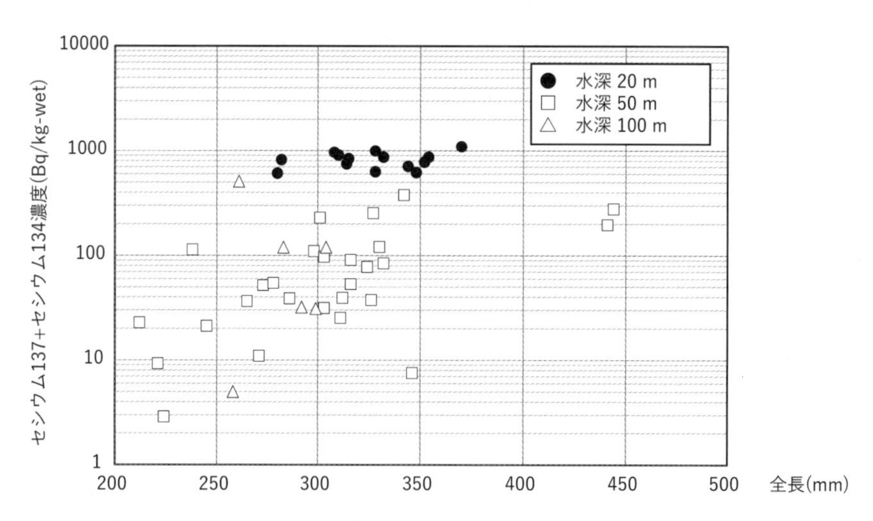

図 3-4　2012 年 5 月に水深帯別に採取したアイナメの放射性セシウム濃度
（重信[22]の Fig. 4 を改変）

在し、不均一な汚染の様相を呈していました。このことが、福島県沖に生息する底魚類の放射性セシウム濃度に大きな個体差を生み出した主たる要因であると考えられます。図 3-2 で示した同じカレイ類のベントス食性であるマガレイとミギガレイで濃度水準が異なった理由も、ミギガレイの主な生息水深帯が高濃度汚染水の直接的な影響をほとんど受けていない、深場の 100 ～ 300 m 域であったためだと考えられます[24]。

図 3-5　蒼鷹丸での底魚類採取風景（2017 年 7 月）

底魚類では、放射性セシウム濃度の低下速度が遅いことも特徴として挙げられます。その要因の 1 つとして指摘されていたのは、海底堆積物に含まれる放射性セシウムが餌生物となるベントスを介して継続的に底魚類の体内に取り込まれている可能性です[15) 18) 25)]。福島県沖の海底堆積物に含まれる放射性セシウム濃度は時間の経過とともに低下傾向にあるものの、海水の低下速度と比較すると明らかに遅く、南部沿岸域では2014年の時点でも100 Bq/kg-dryを超過する地点が数多く確認されています[26)]。そこで我々の調査グループは、海底堆積物と底魚類の餌生物となるベントスの放射性セシウム濃度との関係性を明らかにする目的で、東電福島第一原発の10 km圏内で採取した海底堆積物を用いて、カレイ類の餌生物でベントスの一種である多毛類のアオゴカイを飼育する実験を行いました。アオゴカイの主な餌は海底堆積物中に含まれるデトリタスなどの有機物です[27)]。その結果、35日間飼育してもアオゴカイのセシウム137濃度は海底堆積物の濃度の1/10以下で、それ以上高くなるような傾向が認められなかったことや、海底堆積物から取り出して非汚染の海水だけで飼育すると、わずか4日でアオゴカイの濃度が取り出す前の23～34 %にまで速やかに低下することが分かりました[19)]。このような結果となった要因の1つは、海底堆積物に含まれる放射性セシウムの大半はシルトや粘土などの無機物に吸着していて、海洋生物の消化管内に混入したとしても体内に取り込むことのできない状態で存在しているためと考えられます。Ono *et al.*[28)]は、2012年に福島県沖で採取した海底堆積物について逐次抽出実験[29)]を行い、海底堆積物全体に含まれる放射性セシウムのうち、有機分画に吸着していて生物が体内に取り込める状態で存在していたのは2.40～13.9 %程度であったと報告しています（コラム7参照）。さらに、ベントスなどの海洋無脊椎動物では、体液の浸透圧調節が周辺の環境水と等張に保とうとする浸透圧順応型であるため、餌を介して消化管から体内に取り込んだ放射性セシウムについても、すぐに体外へ排出される仕組みであることが深くかかわっていると考えられます。

では、海水とベントスなどの餌生物の他にも、底魚類の放射性セシウム濃度に影響を及ぼす要因が何かあるのでしょうか？　Tateda *et al.*[20)]が行ったシミュレーション解析の結果においても、海水と底魚類の餌生物中に含まれるセシウム137だけでは、ババガレイやマガレイなど一部の底魚類における濃度推移を説明できなかったと述べています。そこで我々の調査グループが着目したのが海底堆積物中に含まれる間隙水です。海底堆積物中の有機物などに吸着している放射性セシウムは、濃度の低い海水や海底堆積物中の間隙水に接触することで一定量が溶出すると考えられます。我々は、2020年に福島県沖で採取した海底堆積物の0～5 cm層に含まれる間隙水と、海底直上5 mの海水（直上水）、さらにその海域に生息するカレイ類を採取して、それぞれのセシウム137濃度からカレイ類筋肉部位の濃縮係数を求めました（コラム7参照）。その結果、東電福島第一原発の東約15 kmの水深70 m地点で採取したカレイ類、間隙水、直上水のセシウム137濃度はそれぞれ0.798 ± 0.338 Bq/kg-wet（n = 28）、31.2 ± 1.76 mBq/L（n = 1）と2.00 ± 0.308 mBq/L（n = 1）となり、濃縮係数は間隙水に対して25.6 ± 10.9、直上水に対して399 ± 180となりました。また、東電福島第一原発の南東約25 kmの水深100 m地点で採取したカレイ類、間隙水、直上水のセシウム137濃度はそれぞれ0.832 ± 0.291 Bq/kg-wet（n = 11）、12.6 ± 1.06 mBq/L（n = 1）と1.72 ± 0.294（mBq/L：n = 1）となり、濃縮係数は間隙水に対して66.0 ± 23.8、直上水に対して484 ± 188となりました。事故前の底魚類における濃縮係数は30～60と報告されていることから[2)]、現在の福島県沖に生息する底魚類では、海水中よりも高い濃度の放射性セシウムを含む間隙水と、海底堆積物中に生息していて間隙水の放射性セシウム濃度を反映する餌生物のベントスが、放射性セシウムの主な取り込み経路となっている可能性が示唆されます。間隙水からの取り込み経路というのは、浮魚類にはほとんど影響しない、底魚類特有の取り込み経路だと言えます。この、海底堆積物、間隙水、ベントス、底魚類等によって構成される底生生態系について、放射性セシウムが移行するメカニズムを明らかにするためには、それぞれに含まれる放射性セシウムの濃度を把握するとともに、海底堆積物やベントスに含まれる放射性セシウムのうち、生物が体内に取り込み可能な状態の放射性セシウムがどの程度含まれているのか、逐次抽出実験などを実施して明らかにする必要があります。

【コラム７】海底堆積物調査内容の詳細な解説

逐次抽出実験：海底堆積物中に存在している様々な物質に結合している放射性セシウムを溶媒の種類を変えて溶出させ、その物質を特定します。一般的に用いられる方法はTessierらの方法[1)]であり、溶出しやすいものから放射性セシウムの形態をF1：イオン交換態、F2：炭酸塩態、F3：Fe-Mn酸化物態、F4：有機物態あるいは硫化物態、F5：ケイ酸塩態として定義しています。このうち、F5の形態の放射性セシウムは物質に強く結合しているため、魚類等の生物に取り込まれても体内には吸収されないと考えられています。すなわち、海底堆積物中の放射性セシウム濃度が高くても、それがF5の形態であれば魚類等が汚染される心配はないということになります。

間隙水：海底堆積物中の土粒子間を満たしている水のことです。海底堆積物中の放射性セシウムの一部はこの間隙水に溶出しています。間隙水は海底堆積物外に出れば大量の海水によって希釈されますが、海底堆積物中に留まっている間隙水は直上水よりも放射性セシウム濃度が高くなります。そのため、海底堆積物中に潜って生息するベントス類や一部の底魚類は、間隙水中の放射性セシウムを取り込んでいると考えられています。間隙水の採取には、堆積物の含水率が高い場合にはろ過や遠心分離法など比較的簡単な方法がとられますが、含水率の低い場合には絞り出すなどの工夫が必要です。

（３）食物網を介した放射性セシウムの取り込みについて

海洋生態系内ではプランクトン系列や甲殻類・ベントス系列など、餌起源の異なるいくつかの食物網系列が存在し、餌生物からの放射性セシウムの取り込みはそれぞれの系列内における被食—捕食の関係を介して行われます。そのため、餌生物からの取り込みを正しく評価するためには、まず対象とする海域の食物網構造を明らかにする必要があります。その手法として有効なのが、窒素と炭素の安定同位体比（δ^{15}Nとδ^{13}C）を用いた分析です。生物の生体組織中に含まれるδ^{15}Nとδ^{13}Cは､栄養段階が１つ上がるごとにδ^{15}Nは３～４‰、

δ^{13}C は 0 ～ 1.5 ‰上昇すると言われており[30)]、このことを利用して個々の生物がどの系列のどの栄養段階に位置するのかを推定することができます。そこで、仙台湾の魚類と餌生物の δ^{15}N と δ^{13}C を測定し、ベイズ推定を利用した混合モデルにより各魚類における餌生物の寄与率を推定してみました[31)]。その結果、実際の胃内容物観察から推定された餌生物の重量比と安定同位体比分析の結果は概ね類似し、複雑な食物網構造をシンプルかつ定量的に評価することができました。したがって、各生物の放射性セシウム濃度と安定同位体比情報とを組み合わせることによって、それぞれの食物網系列内で餌生物と捕食生物との濃度関係を評価することが可能になります。我々の調査グループは、安定同位体比の情報が蓄積している仙台湾の動物プランクトン―カタクチイワシ・イカナゴ類（以降、小型魚類と表記します）―ヒラメへとつながるプランクトン系列について、餌生物と捕食生物とのセシウム 137 濃度の関係を調べました。なお、本項の動物プランクトンおよび小型魚類のセシウム 137 濃度は生体全体で測定した濃度であり、汚染懸濁態物質が体表面に付着したり、消化管内に混入していたりする可能性があります（(1) 参照)。その他の魚類は筋肉中に含まれるセシウム 137 濃度です。また、カタクチイワシとイカナゴ類のセシウム 137 濃度は、水産庁ウェブサイトに公表されているモニタリングデータ[6)]から、宮城県沖で採取されたカタクチイワシとイカナゴを加えて評価しました。

これまでの仙台湾における安定同位体比分析の結果から、ヒラメは主にカタクチイワシやイカナゴ類などの小型魚類を採餌し、小型魚類は主に動物プランクトンを採餌することが分かっています（図 3-7)。そこで、これら 3 つの栄養段階に属す

図 3-6　若鷹丸によるトロール調査で採取された試料の仕分け作業（2016 年 11 月）

る生物のセシウム137濃度を比較してみます。2018～2019年に仙台湾で採取したヒラメ、小型魚類、動物プランクトンのセシウム137濃度平均値（Bq/kg-wet）はそれぞれ、0.494 ± 1.52（n = 90）、0.175 ± 1.69（n = 20）、0.265 ± 3.37（n = 13）でした。ヒラメは小型魚類よりも有意に高い値でしたが（マン・ホイットニのU検定：$p<0.001$）、小型魚類と動物プランクトンとの間に有意差は認められませんでした（$p>0.05$）。このように、同じ食物網系列内のヒラメ、小型魚類、動物プランクトンでセシウム137濃度を比較すると、それぞれの栄養段階に対して動物プランクトンのセシウム137濃度が相対的に高いことが見えてきます。このような知見に基づき、帰山らは動物プランクトン試料の分析を行い、測定試料には海底堆積物由来の粒子が混入して測定値が過大評価になっている可能性等を指摘しています[32]。

次に我々は、食物網の系列内で栄養段階が1段階上昇するごとにδ^{15}Nがおよそ3.4‰濃縮することを利用して[33]、仙台湾と福島県沖で採取したプラン

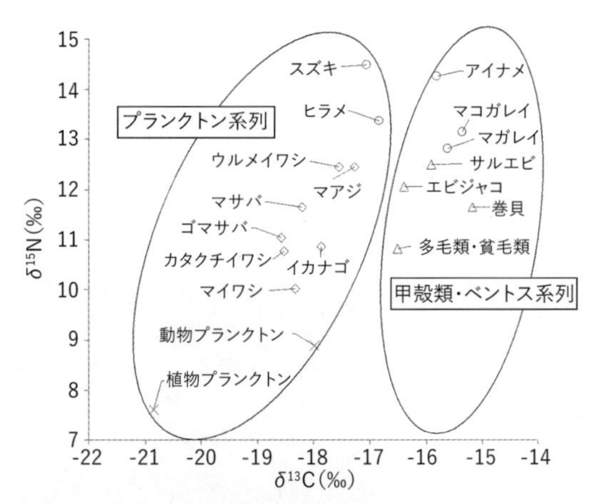

図3-7　仙台湾で採取した魚類と餌生物の窒素・炭素安定同位体比（δ^{15}N・δ^{13}C）の二次元マップ

植物プランクトンを一次生産者として、動物プランクトン、小型魚類（カタクチイワシ、イカナゴなど）、魚食性魚類（ヒラメ、スズキ）につながるプランクトン系列と、エビジャコなどの甲殻類、多毛類などのベントスを餌生物として、甲殻類・ベントス食性魚類（アイナメ、マガレイ、マコガレイ）につながる甲殻類・ベントス系列が存在していた。

クトン系列の海洋生物について、δ^{15}N とセシウム 137 濃度との関係から得られた近似式より、栄養段階が 1 段階上昇したときの濃度比を算出しました。なお、動物プランクトンの測定値は、混入した海底堆積物由来の粒子等により過大評価されている可能性が指摘されていることから、近似式の算出から除外しました。その結果、2012 ～ 2013 年および 2018 ～ 2019 年に採取したプランクトン系列に属する δ^{15}N とセシウム 137 濃度との間には、いずれの年、海域においても正の相関が見られました（図 3-8）。このことは、それぞれの海域で系列内における被食―捕食の関係性を介してセシウム 137 が移行している

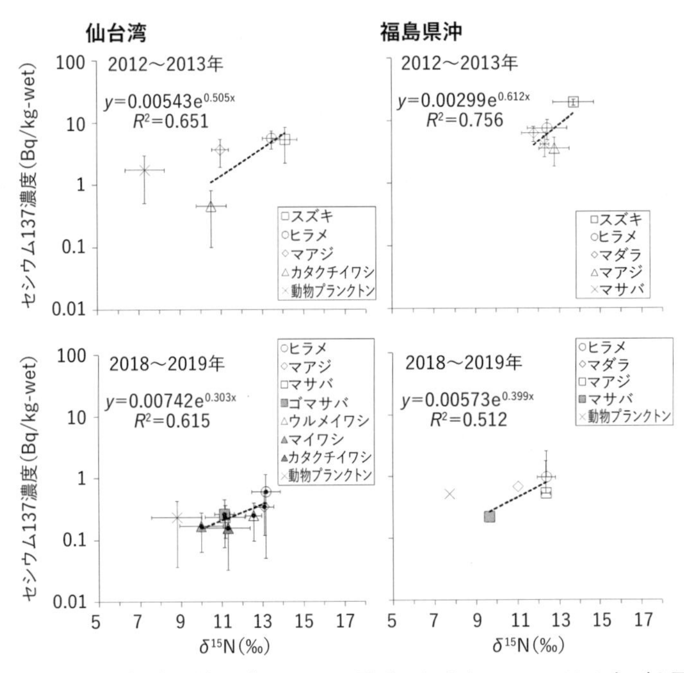

図 3-8　仙台湾および福島県沖のプランクトン系列における 2012 ～ 2013 年（上図）および 2018 ～ 2019 年（下図）の窒素安定同位体比（δ^{15}N）とセシウム 137 濃度との関係
動物プランクトンのセシウム 137 濃度は混入物による過大評価の可能性があることから、近似式の算出に用いていない。また、各プロットの縦軸および横軸のエラーバーは、それぞれセシウム 137 濃度と δ^{15}N の標準偏差である。セシウム 137 濃度は対数表記のため、ばらつき（標準偏差）は 2012 ～ 2013 年の方が大きくなる。

ことを示唆しています。

一方で、栄養段階が１段階上昇したときの濃度比は、2012 ～ 2013 年の仙台湾では 5.57 ± 1.44、福島県沖では 8.01 ± 4.62 と推定され、両海域ともに東電福島第一原発事故前の水準（2.0）[2)]と比較すると高い値となりました。これは、震災後１～２年しか経過していない 2012 ～ 2013 年に採取した試料には、事故直後に東電福島第一原発から漏洩した高濃度汚染水による影響を直接受けた個体が含まれていること、また大型魚・底魚類などは排出速度が遅いことが影響していると考えられます。一方、震災後７～８年が経過した 2018 ～ 2019 年では、仙台湾で 2.80 ± 0.11、福島県沖で 3.88 ± 0.25 と推定され、両海域ともに事故前の水準に近づいていることが分かりました。この結果は、震災後７～８年が経過したプランクトン系列に属する海洋生物では、主に世代交代によって高濃度汚染水の影響を直接受けた個体が大幅に減少したことと、海洋生物とその周辺の海洋環境との間において、放射性セシウムの相互移行が事故前の状態に近づいてきていることを示唆していると考えられます。

ここまで、福島県沖の海産魚類における放射性セシウム濃度の推移に、影響を及ぼしたと考えられる要因について述べてきました。しかし、より詳しくそれぞれの要因が及ぼした影響を評価するためには、生まれた年（年級）についても考慮した解析が必要であることが見えてきました。次の４章では放射能測定データと耳石による年齢査定のデータがリンクしていて、かつ生態学的な知見が充実しているヒラメとマコガレイについて、放射性セシウム濃度の推移の実態とその要因を詳しく述べたいと思います。

第4章　底魚類の生態と放射性セシウム濃度

4-1　個体の放射性セシウム濃度を決定する要因の整理

海洋生物は海水と餌から放射性セシウム（セシウム134、セシウム137）を取り込みます。取り込み量と排出量のバランスで、体内濃度の動態が決定します。取り込み量は、環境中（海水、餌）の放射性セシウム濃度分布と魚の生態に密接に関連し、排出量は魚のサイズ、水温などに依存します。

今回の事故に起因する汚染源の特徴は、事故直後の2011年3月26日～5月末に放射性セシウムが高濃度であった汚染水（高濃度汚染水）が流出し[1]、その影響が大きかったことです[2,3]。海水の放射性セシウム濃度はその後急減し、さらに引き続き漸減しています（2章およびコラム4参照）。また、放射性セシウムは、高濃度汚染水漏洩後しばらくは生態系（海水、餌）の中に空間的に不均一に分布し、その後、一定期間をかけて、生態系内の分布（配分比）が安定してきています。

このような環境推移に対応して、事故直後は高濃度汚染水（および高濃度に汚染された餌）からの放射性セシウムの取り込み量が著しく多い個体が存在しました。その後、環境の汚染が急減するのに伴い、魚の取り込み量も急減し、「取り込み量」<「排出量」となり体内の放射性セシウム濃度も低下しました。しかし、環境中の放射性セシウム濃度の急激な低下に対して、体内からの排出による体内濃度の低下が緩やかであったため、高濃度汚染水により放射性セシウム濃度が高くなった個体のなかに、魚体内の濃度が採取時の環境を表現できていない（採取時の環境から予想される体内濃度よりも高い）個体が存在していたと考えられます。一方、個体によっては高濃度汚染水による事故直後の取り込みがわずか（高濃度汚染水の影響が少ない場所に生息）、または経験しない（事故後に生まれる）個体も存在しました。これらの個体は、放射性セシウムを環境から安定的に取り込むため、環境の汚染状況を反映して濃度変化し、環境の濃度低下

に伴い、体内濃度も低下したと考えられます[4]。

つまり、体内の放射性セシウム濃度を決めた要因として、事故直後の高濃度汚染水を経験したかしないか（生まれた年の違い）、高濃度汚染水にどれだけ汚染されたか（生息場所に依存する個体差）が挙げられます。

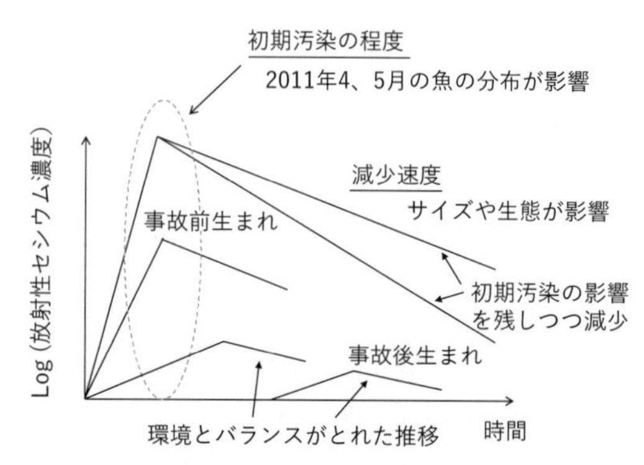

図 4-1　放射性セシウム濃度推移の概念図

また、高濃度汚染水の影響がわずかか、または経験していない個体では、魚のサイズ（全長）や生態の影響が想定されます。本章では、ヒラメとマコガレイを例に、上述の影響を説明します。

4-2　ヒ　ラ　メ

（1）ヒラメの生態

仙台湾・常磐海域のヒラメは5～8月に生まれます。1ヶ月程度の浮遊生活を送った後、全長1 cm 程度で着底し、半年～1年（全長1～20 cm）は水深15 m 以浅の砂地（浅海域成育場）で生活します。浅海域成育場では、アミ類やイワシ類のシラスを主食とし[5]、その後、深場に移動します。1～1.5歳（全長20～30 cm）では分布水深が0～50 m、1.5歳以上（全長30 cm 以上）では0～200 m で、分布の重心は50～100 m にあります[6]。全長20 cm 以上からイワシ類、イカナゴなどの小魚を主食とします。

成魚の移動範囲は青森県～千葉県ですが、多くの個体が自由に動き回っているわけではなく、比較的定着性があると考えられています。

（2）ヒラメの放射性セシウム濃度の推移（仙台湾）

2012年1月（事故後301日）～2020年2月（事故後3258日）に仙台湾

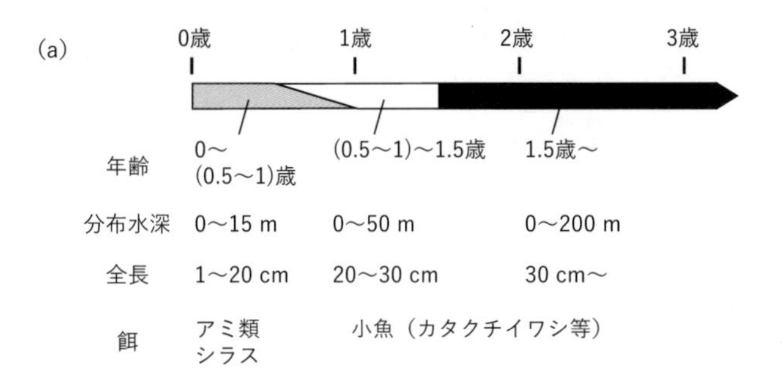

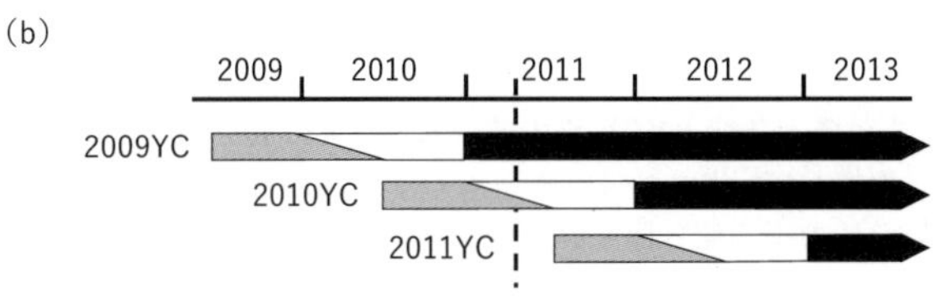

図 4-2 ヒラメの生活史と事故発生時の年齢

(a) 年齢と生活史の特徴の関係、(b) 生まれ年（年級：YC）と事故発生時（- - -）の年齢の関係。

で採取したヒラメのセシウム 137 濃度の変化には、以下の 3 つの特徴が認められました。

① 生まれた年の違いに基づいて区別した 3 グループにおける体内のセシウム 137 濃度の違いは顕著（図 4-3）。濃度は、「2009 年よりも前に生まれた年級（年級:その年に生まれたグループ:YC）(≤2009YC)」＞「2010 年級（2010YC)」＞「2011 年以降に生まれた年級（≥2011YC)」。

② また、≤2009YC、2010YC の個体は、同じ年級内でもセシウム 137 濃度の個体差が大きく、非常に高い個体から事故後生まれ（≥2011YC）と同レベルの個体まで、ばらつきが大きい（図 4-3、4-4）。

③ 一方、≥2011YC では、セシウム 137 濃度のばらつきが小さく、値も低い。さらに、セシウム 137 濃度と全長の間には、全長が大きい個体のセシウム濃度が小さい個体の 1.5 倍程度高い、という一定の関係性が認められる（図 4-3、4-4）。

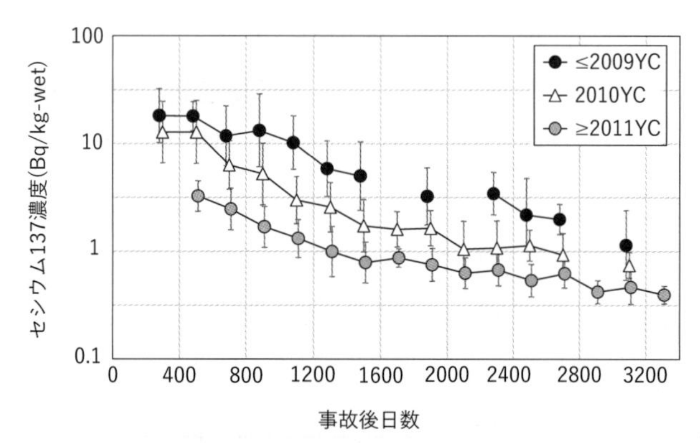

図 4-3　生まれ年（年級：YC）別の仙台湾ヒラメのセシウム 137 濃度の推移
縦軸は対数変換して示している。セシウム 137 濃度は 200 日ごとに集計し、対数変換した値の平均値と標準偏差を示す。

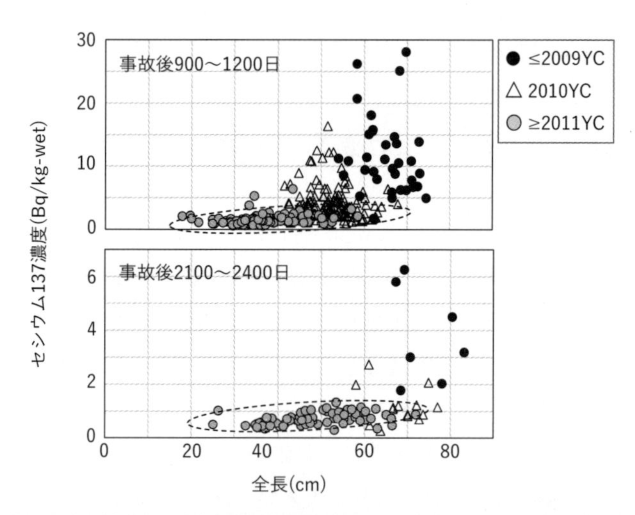

図 4-4　生まれ年（年級：YC）別の仙台湾ヒラメのセシウム 137 濃度と全長の関係
上図は事故後 900 ～ 1200 日、下図は事故後 2100 ～ 2400 日。

≤2009YC、2010YC（以上、事故前生まれ）の個体のセシウム 137 濃度が ≥2011YC（事故後生まれ）の個体よりも顕著に高かったこと（特徴①）は、事故直後の高濃度汚染水の影響が大きかったことを示唆します。また、事故前生まれの個体の濃度の個体差が大きかったこと（特徴②）は、高濃度汚染水が空間的に均一に拡がって魚に影響したわけではなく、不均一に影響を及ぼしたことを示唆します（図 4-1）。そのため、事故直後の高濃度汚染水漏洩の前に生まれていた≤2009YC、2010YC の個体からのみ、セシウム 137 濃度が非常に高い個体が出現したのに対して、高濃度汚染水を経験していない≥2011YC（事故後生まれ）からは顕著に濃度が高い個体は出現しませんでした（特徴③）。また、高濃度汚染水の分布が不均一であったため、同じような全長で同じような水深範囲に広く分布していた≤2009YC や 2010YC のヒラメでも、個体によって高濃度汚染水の影響の程度が大きく異なり、セシウム 137 濃度が非常に高い個体から事故後生まれと同レベルに低い個体まで、幅広い濃度の個体が出現したと考えられます。

事故後 200 ～ 400 日におけるヒラメのセシウム 137 濃度は、≤2009YC と 2010YC との間で統計学的に差がなかった（図 4-3）ことから、両グループの事故直後の汚染の程度は同様であったと推察できます。一方、≤2009YC では 2010YC よりも体のサイズが大きく、2010YC と比べて排出速度（代謝）が遅い、などの理由で、その後のセシウム 137 濃度は、「≤2009YC」＞「2010YC」で推移したと考えられます（図 4-1）。

また、事故後 2100 ～ 2400 日経過しても、事故前生まれの≤2009YC、2010YC において事故後生まれ（≥2011YC）よりも濃度が高い個体が出現した（図 4-4）ことから、事故直後の高濃度汚染水の影響で体内のセシウム 137 濃度が非常に高くなった個体は、体内濃度と環境の間でバランスがとれていない（その時点の環境中のセシウム濃度からは体内濃度を説明できない）高濃度となっていたと考えられます。

一方、≥2011YC で体内のセシウム 137 濃度と全長との間に、上述した一定の関係が認められたこと（特徴③）は、下記の理由から、震災後に生まれた個体のセシウム 137 濃度は環境とバランスがとれた状態（その時点の環境中のセシウム 137 濃度分布から説明できる）で減少しつつあることを示唆しています（図4-4）。

海水中には、セシウム137よりもはるかに高濃度（2011年の事故前時点で10^9倍程度の濃度）の安定セシウムが存在しています。安定セシウムは天然に存在するセシウムで、長期間かけて生態系内（海水、海底堆積物、餌生物など）に配分されており、分布の比率は時空間的に安定し、平衡状態を保って分布していると考えられます。また、環境中や生物の体内において、セシウム137と同様の挙動をすると考えられます。ヒラメ体内の安定セシウム濃度とヒラメ全長との関係は、大型個体での濃度が小型個体よりも高く、全長60 cmの個体の安定セシウム濃度は全長30 cmの個体の約1.6倍でした(栗田ら､未発表)。このことは、生態系内で平衡的に分布している状況において、ヒラメのサイズ依存的なセシウムの取り込み・排出のバランスにより、体内のセシウム濃度とサイズ（全長）の関係がこのようになっていることを意味します。事故後900～1200日のセシウム137と全長の関係を年級別に見ると、事故後生まれ（≥2011YC）では上記の安定セシウムと全長の関係とほぼ同様となっています（図4-4破線で囲った部分）。このことは、この時期には、事故後生まれのヒラメは、環境とバランスがとれた状態でセシウム137の取り込み・排出が行われていることを示唆します。一方、2010YCには、この関係上にある個体と、関係から外れた高濃度の個体がともに一定数存在します。環境とバランスがとれた濃度である個体と、事故直後の高濃度汚染水の影響で体内の濃度が高くなった影響を残している個体が、一定数ずついることを示唆しています。また≤2009YCでは、大半がこの関係よりも高い値です。多くの個体が、程度の差こそあれ、事故後の取り込みの影響を引きずっていたと考えられます。

事故後2100～2400日におけるヒラメのセシウム137濃度は、事故後生まれ（≥2011YC）では引き続き安定セシウム―全長関係と同様の関係を維持しています。2010YCでも多くの個体がこの関係上にあり、一部高い個体が出現しました。≤2009YCでは、やはりほとんどが高い値となっていました。

以上の情報から、ヒラメの年級と体内に含まれるセシウム137濃度の推移との関係は、≥2011YCでは、環境とバランスがとれている（そのときの環境が濃度を決めている）セシウム137濃度であり、2010YCでも2000日を超えた頃から、環境とバランスがとれてきている（つまり、事故直後の高濃度汚染水による汚染の影響がなくなってきている。ただしヒラメの全長が大きいので、全長が小さい≥2011YCでの平均値よりは高くなる（図4-3、4-4））が、≤2009YCでは環境とバランスがとれていない（事故直後の汚染の影響を引きずっている）と解釈できます。

しかし、≤2009YCでは2021年時点で12歳以上、2010YCでは同時点で11歳です。これらの年級はヒラメの寿命に近いため多くが死亡し、近年はほとんどいません。したがって、2021年現在では、ほとんどの個体が≥2011YCであり、体内のセシウム137濃度は環境とバランスがとれていると考えられます。2019年7月～2020年2月（事故後3200～3400日）のヒラメのセシウム137濃度の平均値は0.40 Bq/kg-wet（平均±標準偏差の範囲は0.33～0.48）で、今後も環境中のセシウム137濃度のゆっくりした低下に伴い、徐々に低下していくものと思われます。

（3）仙台湾と福島県南部の比較

福島県南部で採取したヒラメのセシウム137濃度も、仙台湾で認められた結果の特徴①～③と同様の特徴をもって推移しています。したがって、これらの特徴は仙台湾～常磐海域で共通して認められる特徴であり、ヒラメの放射性セシウム汚染機構もこの海域で共通していると考えられます。ただし、体内のセシウム137濃度は事故後から現在に至るまで、「福島県南部」＞「仙台湾」で推移しています。例えば、事故後3000～3300日の≥2011YCでのヒラメのセシウム137濃度の平均値は1.00 Bq/kg-wet（平均±標準偏差の範囲は0.74～1.35）と仙台湾（上記）よりも高い値です。このことから、事故直後の高濃度汚染水による汚染（事故前生まれ群に影響）も、その後の環境とバランスがとれた状態での汚染も、「福島県南部」＞「仙台湾」であると考えられます。

魚の移動性が高く、仙台湾と福島県沖のヒラメが完全に均一に混ざれば、仙台湾のヒラメと福島県南部のヒラメのセシウム137濃度は等しくなるはずです。しかし実際は現在でも「福島県南部」＞「仙台湾」となっています。このことは、現状でも環境のセシウム 137 濃度に海域間で差があり、移動による個体の混合が海域間の差をなくすほどには大きくないこと示唆しています。

4-3　マコガレイ

（1）マコガレイの生態

マコガレイは北海道南部から九州、さらには朝鮮半島、東シナ海に至る海域に分布し、主に水深 100 m 以浅の砂泥域に生息する底魚類です。我が国周辺に分布する本種については、これまでにいくつかの地域集団の存在が示唆されており、近い海域間でも遺伝的差異が認められていることなどから、ヒラメよりも定着性が強く移動範囲の狭い魚種であると考えられています[7) 8) 9) 10)]。福島県沖から仙台湾にかけての海域に生息するマコガレイは、単位努力あたりの漁獲量（CPUE）が高い値を示す水深 20 ～ 50 m 付近が主な分布水深帯であると考えられており[11)]、多毛類を中心に、小型の甲殻類や二枚貝（水管）などのベントスを餌生物としています[12)]。仙台湾で漁獲されるマコガレイは、1.5 歳で全長約 20 cm となり、その後は成長に雌雄差が生じます。大型になるメスでは 3 歳で約 30 cm、5 歳で約 40 cm となり、50 cm を超える個体も確認されています。産卵期は 12 月から 1 月で、寿命は概ね 8 ～ 10 歳程度ですが、それよりも長生きする個体の存在も確認されています[10)]。

（2）マコガレイの放射性セシウム濃度の推移

我々の調査グループは 2012 年から 2020 年にかけて、福島県沖と仙台湾で採取したマコガレイについて、セシウム 137 濃度の推移を海域間および年級群間で比較しました。この解析に用いた福島県沖のマコガレイは、東電福島第一原発を南北に挟むように北緯 37 度 03 分～ 31 分の範囲で採取した個体です。この範囲の沿岸域には、事故直後の高濃度汚染水の漏洩による影響が海底付近にまで強く及んでいた海域が含まれます。一方、仙台湾のマコガレイは主に湾の中央で採取した個体です。仙台湾では、阿武隈川河口域などを含むごく沿岸域と牡鹿半島南方の水深 100 m 付近の海底堆積物表層から、やや高い濃度のセシウム 137 が確認されていますが、湾の中央は福島県沖や湾の沿岸域に比べると全体的に濃度水準が低いことが報告されています [13) 14)]。採取したマコガレイは筋肉部位のセシウム 137 濃度を測定するとともに、起算日を 1 月 1 日として耳石から年齢査定を行い、2010 年以前に生まれた個体を「事故前生まれ年級群（≤ 2010YC）」、2012 年以降に生まれた個体を「事故後生まれ年級群（≥ 2012YC）」として解析に用いました。

図 4-5 は福島県沖と仙台湾で採取したマコガレイを年級群および海域ごとに分け、常用対数変換したセシウム 137 濃度の推移をプロットして近似直線を求めたものです。4 つの年級群について、それぞれスピアマンの順位相関係数検定を行った結果、すべての年級群においてセシウム 137 濃度と事故後の経過日数との間に負の相関が認められたことから（p<0.05）、時間の経過ととも

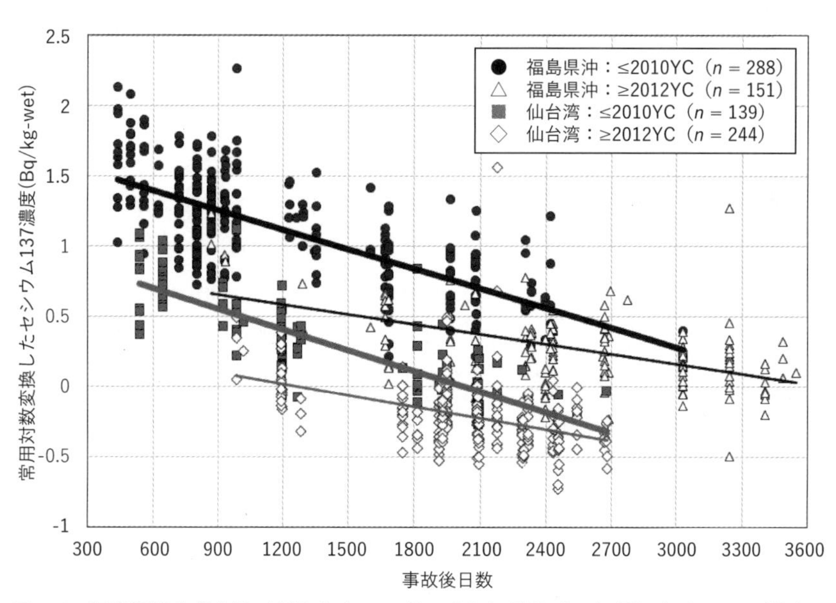

図 4-5　福島県沖と仙台湾で採取したマコガレイの年級群（YC）別セシウム 137 濃度の推移

にマコガレイのセシウム137濃度は着実に低下していることが確認できました。同じ時期に同じ海域で採取した年級群間で比較すると、ヒラメで確認された「特徴①」と同様に、一貫して≤2010YCの個体の方が≥2012YCよりもセシウム137濃度が高い水準で推移しています。また、海域間で比較すると福島県沖の方が、仙台湾よりもセシウム137濃度が高い水準で推移していることが分かります。

次に4つの年級群ごとにセシウム137濃度の低下速度を比較する目的で、2つの海域の≤2010YC間（黒太の近似直線Vs.灰色太の近似直線）と、2つの海域の≥2012YC間（黒細の近似直線Vs.灰色細の近似直線）でそれぞれ共分散分析を行い近似直線の傾きに有意な差があるかどうかを検定しました。その結果、どちらの年級群においても、海域間で近似直線の傾きに有意差は認められなかったことから（$p>0.10$）、同じ年級群同士では海域間でセシウム137濃度の低下速度に差はないことが分かりました。最後に、福島県沖の2つの年級群間（黒太の近似直線Vs.黒細の近似直線）と、仙台湾の2つの年級群間（灰色太の近似直線Vs.灰色細の近似直線）でそれぞれ近似直線の傾きについて有意性を検定しました。その結果、福島県沖と仙台湾のどちらの海域においても、≤2010YCの方が≥2012YCよりも近似直線の傾きが有意に大きいことが認められました（$p<0.001$）。この結果は、同じ海域に生息しているマコガレイであっても、年級群によってセシウム137濃度の推移は異なり、事故直後の高濃度汚染水による影響を強く受けていた≤2010YCの方が、≥2012YCよりも低下速度が速いことを意味しています。このように、年級群別のデータを比較することによって、同じ海域に生息するマコガレイでも、セシウム137濃度の推移が異なる年級群が混在していることが分かりました。今後、≤2010YCの個体が寿命によって減少するに伴い、マコガレイにおけるセシウム137濃度の低下速度は、徐々に緩やかになると推測できますが、その要因は世代交代によるものであり、新たな汚染源の出現などによるものではないということが年級群別の解析結果から説明できます。

マコガレイにおける体内の安定セシウム濃度と標準体長との関係は、標準体長が 30 cm 以上になると大型個体が小型個体よりも高くなることが報告されています。標準体長 40 cm の個体の安定セシウム濃度は、30 cm の 1.5 ～ 2.0 倍程度です[15)]。このことはマコガレイにおいても体サイズと放射性セシウム濃度との関係性を調べることにより、ヒラメと同様に体内濃度と周辺環境とのバランスが取れている状態かどうか、評価できることを意味しています。事故から一定期間が経過した時点における、セシウム 137 濃度と全長との関係をスピアマンの順位相関係数検定により調べてみると（図 4-6）、福島県沖の ≤2010YC では、事故後 900 ～ 1200 日の時点では、全長とセシウム 137 濃度との間に危険率 5 % で有意な相関関係が認められず、濃度のばらつきがとても大きいことが見て取れます。これは、福島県沖では事故直後の高濃度汚染水から受けた影響の程度が不均一であったことを示すとともに、ヒラメと同様に

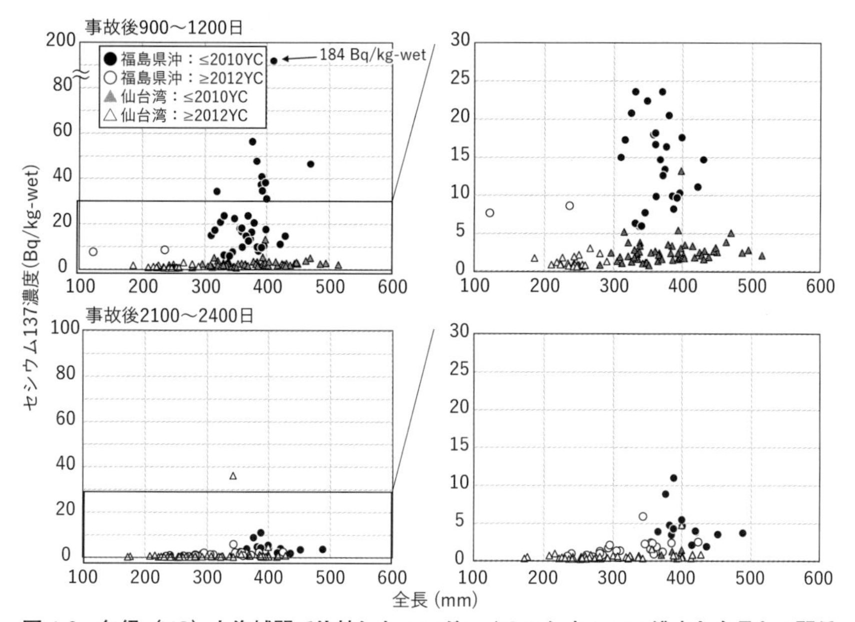

図 4-6　年級（YC）と海域間で比較したマコガレイのセシウム 137 濃度と全長との関係
上段：事故後 900 ～ 1200 日、下段：事故後 2100 ～ 2400 日、右側は縦軸最大値を下げて拡大した図。

多くの個体がその影響を残していたためと考えられます。

一方、仙台湾の≤2010YCでは、事故後900～1200日におけるセシウム137濃度は、同期間におけるヒラメの≤2009年級群（図4-4）と比較して濃度水準が低く、全長が大きい個体ほどセシウム137濃度が高いという相関関係が危険率5％で認められました。仙台湾のほぼ同じ地点で同時期に採取したヒラメとマコガレイとの間でこのような違いが認められるのは、ヒラメとマコガレイの移動生態や、食性の違いが関係しているのかもしれません。詳細については、それぞれの餌生物や間隙水からの影響などを考慮した、さらなる解析が必要になります。

また事故後2100～2400日におけるセシウム137濃度と全長との関係を見ると、福島県沖の≤2010YCでは危険率5％で全長とセシウム137濃度との間に相関関係が認められず、依然として濃度のばらつきが大きく、事故直後の影響が残っている個体が確認できます。一方、≥2012YCでは、福島県沖と仙台湾のどちらにおいても、全長が大きい個体ほどセシウム137濃度が高いという相関関係が危険率5％で認められ、環境とのバランスがとれつつあることが伺えます。

4-4　今後の放射性セシウム濃度の推移

これまで福島県沖と仙台湾で採取したヒラメとマコガレイを対象に、放射性セシウム濃度の推移が、事故直後の高濃度汚染水の影響をどこで、どの程度受けたかによって異なることを見てきました。どちらの魚種においても、近年は高濃度汚染水の影響が残っている事故前生まれの個体がほとんど死亡し、海中のほとんどの個体で環境とのバランスがとれている放射性セシウム濃度であることが分かりました。しかし、海水のセシウム137濃度に対するヒラメとマコガレイの濃縮係数は、現時点でも事故前と比べて若干高いことが分かっています。東電福島第一原発事故前の我が国周辺におけるヒラメのセシウム137濃度は海水の70倍程度、カレイ類では30～60倍程度でした[16)]。2021年6月に我々が仙台湾で採取した試料のセシウム137濃度平均値(Bq/kg-wet)±標準偏差は、ヒラメで 0.46 ± 0.18（n = 8）、マコガレイで 0.22 ± 0.024（n = 9）でした。2021 年 6 月 9 日に仙台湾中央部の水深 41 m（St. T-MG5）の下層で採水した海水のセシウム 137 濃度は 0.0021 Bq/L と報告されています[17)]。つまり、2021 年 6 月の時点において、ヒラメは海水の約 220 倍、マコガレイでは約 100 倍のセシウム 137 濃度となっていました。したがって、ヒラメとマコガレイでは、事故後生まれのセシウム 137 濃度は環境とのバランスがとれているものの、環境中のセシウム 137 の濃度配分比は、まだ事故前とは異なる状態で推移していると思われます。この原因として、3 章で述べた海底堆積物に含まれる間隙水の影響が疑われています（3-2（2）参照）。

第５章　淡水魚による放射性セシウムの取り込み

5-1　湖沼の放射能汚染

（１）中禅寺湖での放射能影響調査

東京電力福島第一原子力発電所（東電福島第一原発）から大気中に放出された放射性物質は、東北・関東地方を中心とした本州の陸水域に広く沈着し、河川・湖沼生態系への汚染をもたらしました。海洋における水産物の出荷制限は2022年２月以降、福島県沖のクロソイを除くすべての魚種で解除されたのに対し、内水面では現在もなお出荷制限や採捕の自粛が要請されている水域が少なくありません。2021年９月時点で、出荷制限または採捕自粛が要請されている河川・湖沼は、北は宮城県から南は千葉県に至り、魚種はイワナ、ヤマメやニホンウナギ、アユなど12種にのぼります。一般に、淡水魚類は体内の塩類（ナトリウムイオン、カリウムイオンなど）濃度を一定に保つために体外からそれらを積極的に取り込みます。放射性セシウムは魚体内において生体の必須元素であるカリウムと似た挙動を示すことから[1)]、淡水魚類は海水魚類よりも放射性セシウムを体内に取り込みやすい生理特性をもつと考えられています。さらに湖沼は、海洋と比べて閉ざされた環境であるため放射性物質が拡散・希釈されにくく、1986年に発生したチョルノービリ原発事故後の調査データからも、淡水魚類では影響が長期に及ぶことが示されていました（例えば、Jonsson *et al.*[2)]）。

図5-1　栃木県中禅寺湖（2018年３月著者撮影）

本章は、我々が放射能影響調査の取り組みを進めてきた栃木県中禅寺湖での研究成果を中心に、湖沼環境中の放射性物質の分布や存在量、推移を調べる研究データを紹介するとともに、放射性物質が淡水魚類へと移行するメカニズムや各魚種での推移予測についてこれまでに明らかになっている知見をとりまとめたものです。

中禅寺湖は、栃木県日光国立公園内に位置する標高 1,269 m、面積 11.9 km^2、最大水深 163 m の湖です（図 5-1）。東電福島第一原発からは直線距離にして約 160 km 離れています。中禅寺湖にはもともと魚類が生息していなかったとされていますが、1873 年のイワナをはじめとして、琵琶湖、十和田湖、米国などから様々な魚類が移殖され、現在は少なくとも 20 種類の魚類が生息すると考えられています[3]。都市圏から比較的近いこともあり、毎年のべ 1 万人以上の釣り人が訪れる“マス釣りの聖地”とも呼ばれる湖なのですが、現在（2023 年 1 月時点）もヒメマス、ホンマス、ニジマス、ワカサギ以外の魚類から依然として高い濃度の放射性セシウム（セシウム 137）が検出され、それらの魚種については湖からの持ち出しが禁止されています。

（2）水や湖底土に取り込まれた放射性セシウム

東電福島第一原発から放出された放射性物質のうち、現在も残存し水産業での問題となっているのが放射性セシウムです。放射性セシウム（溶存態）は、水中では 1 価の陽イオンとして存在します。中禅寺湖の溶存態放射性セシウムは、湖の水平面ではほぼ一様に分布しますが、初夏から秋季にかけての水温成層が形成される時期には、水温躍層より浅い層で放射性セシウム濃度（ここではセシウム 137 濃度）が低くなることが分かっています（図 5-2）。これは、水温が高く、放射性セシウム濃度の低い河川水が水温躍層より浅いところに滞留するためです。そして、冬季から春季にかけては湖水の鉛直循環が生じ、湖水の放射性セシウム濃度は水深にかかわらず一様となります。これとは逆に、茨城県霞ヶ浦など比較的浅く成層形成の進みにくい湖では、夏季に湖水の放射性セシウム濃度が高くなる現象が知られています。霞ヶ浦では、夏季の水温上昇により、底層の溶存酸素濃度が低くなる状態が続き、アンモニウムイオン濃度が上昇します[5]。このアンモニウムイオンと放射性セシウムがイオン交換す

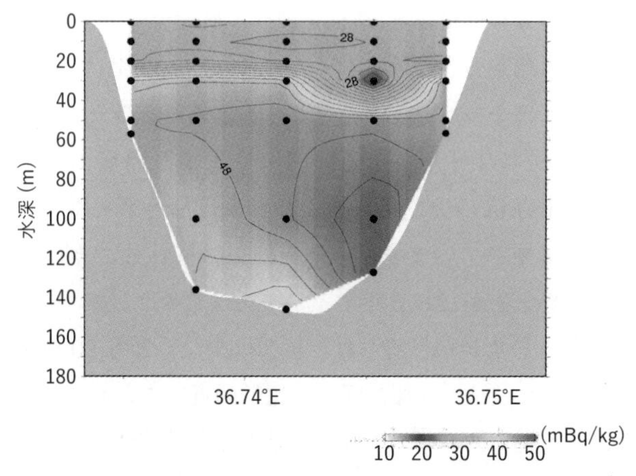

図 5-2　中禅寺湖における溶存態セシウム 137 濃度の空間分布[4]

ることで、湖底堆積物に吸着した放射性セシウムが水中に溶出し、湖水の放射性セシウム濃度を一時的に高めるのです。また霞ヶ浦や群馬県赤城大沼では、湖水の放射性セシウムの濃度変動に影響を受け、そこに生息するワカサギの放射性セシウム濃度も季節変化することが知られています[5) 6)]。

我々が実施しているモニタリングデータによると、多くの湖沼で溶存態放射性セシウム濃度（ここではセシウム 137 濃度）の低下傾向が見られています（図 5-3）。また水の滞留時間が長い湖沼では、放射性セシウム濃度の低下速度が遅くなる傾向が見られます。例えば、福島県はやま湖（滞留時間約 0.5 年）では、湖水（溶存態）のセシウム 137 の実効半減期はおよそ 800 日であるのに対し、中禅寺湖（滞留時間約 6 年）や猪苗代湖（滞留時間約 5.4 年）では約 1500 日と推定されています（2012 年（中禅寺湖）、2013 年（猪苗代湖）から 2020 年までのデータによる推定）。さらに湖水の放射性セシウム濃度は、湖畔の植生や利用形態、増水の頻度などによっても異なる推移を辿り[7) 8)]、特に森林の被覆面積の広い地域では、陸域から水系への溶存態放射性セシウムの移行割合が高いことが知られています[9)]。近年になって、いくつかの湖沼に生息する淡水魚類で放射性セシウム濃度の実効生態学的半減期が長期化する、すなわち低

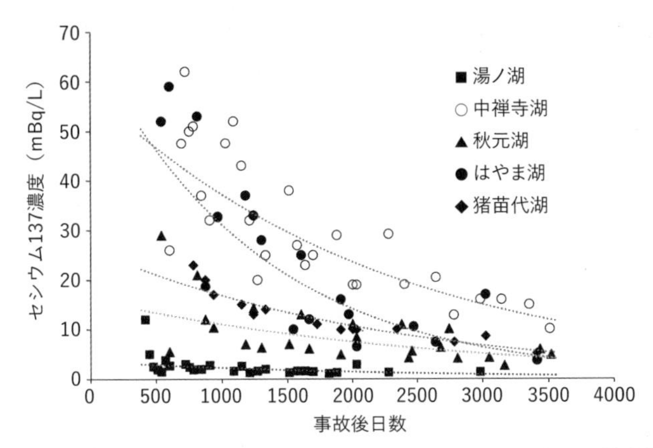

図 5-3　栃木県湯ノ湖、中禅寺湖、福島県秋元湖、はやま湖、猪苗代湖の溶存態セシウム 137 濃度の推移

下速度が鈍化する現象が報告されるようになっています[10)]。さきほどのワカサギの例のように、魚体の放射性セシウム濃度は水の汚染レベルに強い影響を受けるため、湖水の放射性セシウム濃度の推移についてはこれからも注視する必要があります。

湖沼生態系に取り込まれた溶存態放射性セシウムの多くは湖底土に吸着し、さらに懸濁物やプランクトンなどの浮遊生物、藻類などにも吸着または同化・吸収され、そののち湖底上に堆積すると考えられます。湖底土に取り込まれた放射性セシウムの特徴として、空間的な濃度の差異がとても大きいことが挙げられます。中禅寺湖の水深 100 m より深い場所の湖底土を層別に採取し、放射性セシウム濃度を測定したところ、湖底土の 4 ～ 7 cm 層に比較的高濃度の放射性セシウムが確認され、それ以深では急激に濃度が低下していることが分かりました（図 5-4）。中禅寺湖中央付近でのセストン（動物性プランクトンおよびその死骸、その他の微粒子など）の堆積速度は約 0.75 cm/ 年と推定されており[11)]、東電福島第一原発事故から調査時（2014 年）までに湖底土に堆積する層は 3 cm 以上に及ぶことはありません。したがって、湖中央付近に確認された放射性セシウムの大部分は、事故後の短い期間に溶存態放射性セシウムが湖底土に吸着したものであり、その後に放射性セシウム濃度の低い沈降粒子が堆積したと考えられます。一方、湖岸近くの湖底土に吸着した放射性セシウムは空間的に不均一に存在し、特に水深２ m 以浅では場所ごとの差異が大きいことが分かってきました（図 5-4、5-5）。海底堆積物や湖底土の放射性セシウム濃度は、粒径の大きさや有機物含量と相関することが知られています[12) 13)]。湖岸付近の湖底土は、湖中央付近と比べて場所ごとの粒径や有機物含量の違いが大きく[14)]、さらに降雨や雪解け、流入河川などを通じて陸上の砂礫や落葉が不規則に移入し、放射性セシウムの空間分布を複雑なものとしています。

放射性セシウムが湖底土に吸着・結合する状態は、湖底土の粒子の種類によって異なり、特に鉱物粒子（粘土鉱物）と強く結合した放射性セシウムは生

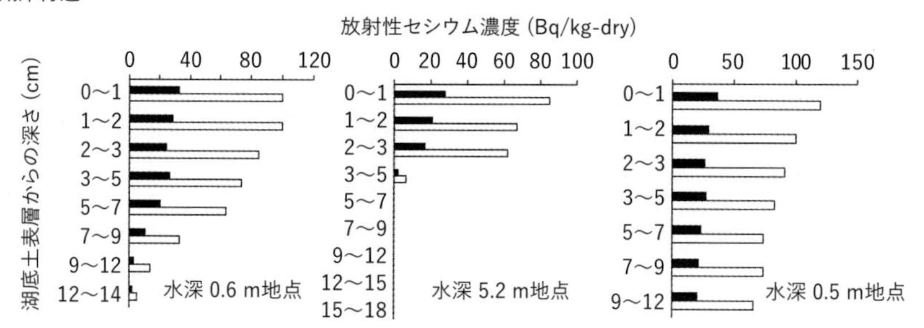

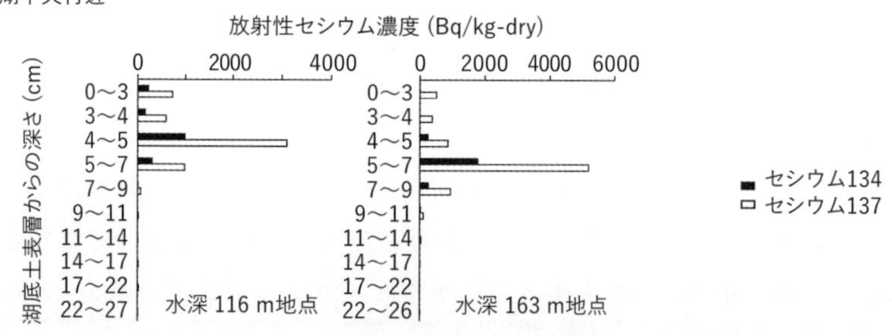

図 5-4　中禅寺湖湖底土の層別放射性セシウム濃度

（山本ら[14)] を改変）

物に吸収されにくいことが知られています（例えば、Qin *et al.*[15]）。放射性セシウムを含む湖底土を用いてイトミミズを長期間飼育した実験によると、湖底土からイトミミズへの移行係数（イトミミズの放射性セシウム濃度を飼育に用いた湖底土の濃度で除した値）は 0.22 ～ 0.36 程度と推定されており[16]、イトミミズは湖底土の放射性セシウムを濃縮しないことが分かっています。また福島県沖に生息する海産無脊椎動物や霞ヶ浦に生息するベントス（ヒメタニシ、カワヒバリガイ、オオユスリカ、オオカスリモンユスリカ）の放射性セシウム濃度は、いずれの生物種も同時期に採取された海底堆積物や湖底土の放射性セシウム濃度を上回りません[17) 18) 19)]。また海水魚のアイナメやマコガレイを放射性セシウム濃度の高い海底堆積物を用いて飼育しても、魚体の放射性セシウ

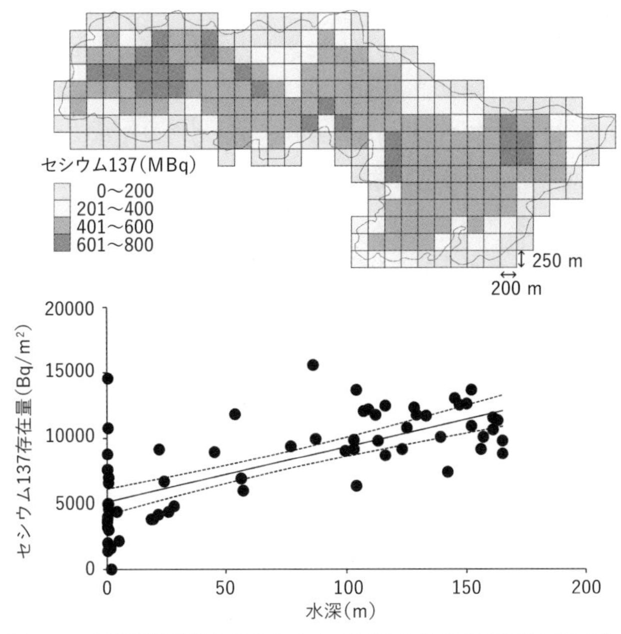

図 5-5　中禅寺湖湖底土のセシウム 137 存在量の空間分布（上図）、水深と湖底土セシウム 137 存在量との関係（下図）

（山本ら[14] を改変）

ム濃度の上昇はわずかであることが報告されています[20]。国際原子力機関（IAEA）のレポートによると、環境水から水生昆虫への移行係数は2,200とされており[21]、湖底土からイトミミズへの移行係数に比べると桁違いに高い値となります。このことからも、湖底土から水生生物への放射性セシウムの移行の程度は、溶存態放射性セシウムからの移行に比べて限定的であると考えられます。ただし先述したように、比較的浅く成層形成の進みにくい湖では、湖底土に吸着した放射性セシウムが環境水中に再溶出する可能性があります。生物への影響を明らかにするには溶存態放射性セシウムとあわせた長期的なデータの蓄積が必要です。

（3）放射性セシウムの魚類への移行および濃度推移

魚類への放射性セシウムの移行経路については、溶存態放射性セシウムが鰓、体表、消化管から吸収されるプロセスと、餌生物に含まれる放射性セシウムが消化管での消化作用によって体内に取り込まれるプロセスの2つが想定されており[1]、淡水魚類では筋肉中に取り込まれる放射性セシウムのほとんどが餌由来であることが実験的に確かめられています[22) 23]。実際に、粗放的な飼育が行われている場所以外で、養殖魚から基準値（編者注：セシウム134濃度＋セシウム137濃度で100 Bq/kg-wet、1章およびコラム2参照）を超える検体は確認されていません[24]。このことは、たとえ環境水が汚染されていても、餌にさえ放射性セシウムが含まれていなければ、魚に重大な影響が及ばないことを示しています。2012年9月から10月にかけて中禅寺湖で採取したサケ科魚類（ヒメマス、ホンマス、レイクトラウト、ブラウントラウト）では親魚から取り出した卵からも放射性セシウムが検出されています[25]。筋肉中の放射性セシウム濃度に対する卵の濃度の比率はおよそ28～37 %となり、筋肉中の放射性セシウム濃度が高いメス個体ほど卵の放射性セシウム濃度が高いという関係が認められています。我々が行った室内飼育実験の結果によると、卵に取り込まれた放射性セシウム濃度は時間とともに徐々に低下していくものの、ふ化後の仔稚魚からもしばらくの間、放射性セシウムが検出され続けまし

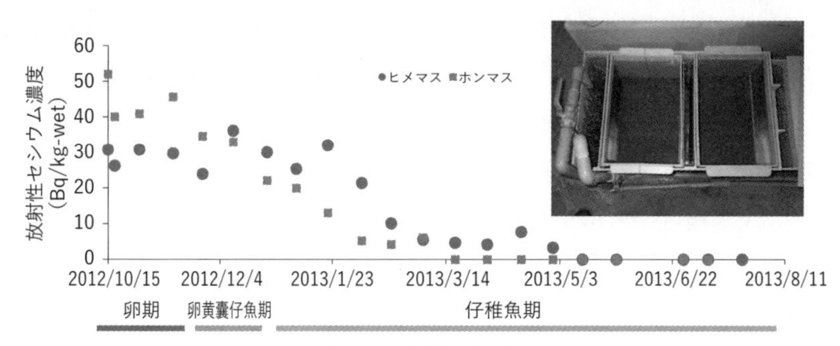

図 5-6　ヒメマスとホンマスの卵期から仔稚魚期（2012 年 10 月～ 2013 年 7 月）にかけての放射性セシウム（セシウム 134 ＋セシウム 137）濃度の推移

た（図 5-6）。この結果は、魚への汚染経路として、ごくわずかですが親から子への垂直汚染も存在することを示しています。

魚類（卵、仔稚魚期以外）の放射性セシウム濃度は主に、餌からの放射性セシウムの取り込み量と、代謝回転（取り込みと排出の速度）にかかる生理的な要因により規定されます（コラム 8 参照）。魚類に取り込まれた放射性セシウムは重金属のように体内に蓄積する一方ではなく、生体の必須元素であるカリウムと同様に生体活動を通して体外に排出されます。我々がヒメマスを対象に行った実験では、体内の放射性セシウムを人為的に高めた魚に通常の配合餌料を与えたところ、筋肉中の放射性セシウム（セシウム 134 + セシウム 137）濃度は指数関数的に減少し、その実効生態学的半減期は約 80 日と算出されています（9 ～ 10 ℃の水温環境で飼育、体重の 1 %/ 日給餌、放射性セシウムが検出されない水を用いて飼育[23]）。中禅寺湖に生息するヒメマスの実効生態学的半減期はおよそ 1500 日です。このことは、たとえ体内の放射性セシウム濃度が高くとも、餌生物や魚を取り巻く環境中の汚染度が低下すると、魚体から速やかに放射性セシウムが排出されることを示しています。

自然河川や湖沼では、流域の放射性物質による汚染度が高いところほど魚類の放射能セシウム濃度が高くなる傾向があります（例えば、Matsuda *et al.*[26]、Tsuboi *et al.*[27]、Wada *et al.*[28]）。また、同一水面であっても魚種間や、さらに同一種内の個体間にも大きな濃度差が認められます（例えば、Yamamoto *et al.*[25]、Takagi *et al.*[29]）。これまで各地で行われている調査結果によると、ブラックバス類、ニホンウナギ、ナマズ類、イワナ・ヤマメ等のサケ科魚類で放射性セシウム濃度が高くなる傾向が見られます。これらの魚類は一般に、小型魚類、水生昆虫、陸生昆虫、甲殻類など様々な餌生物を取り込む雑食性魚類です。これに対して、ワカサギ、ヒメマスなど主に動物プランクトンを餌とする魚類の濃度は比較的低いことが分かっています。実際に、ワカサギでは2015年9月赤城大沼での出荷制限解除、ヒメマスでは2017年中禅寺湖での解禁延期要請の解除をもって、国内のすべての水面でこれら2種の出荷制限が解かれています。中禅寺湖に生息する魚類の中で最も放射性セシウム濃度（平均値：2014年5月時点）の高い魚種はブラウントラウトであり、次いでホンマス、ウグイ、レイクトラウトと続きます（図5-7）。湖沼生態系の食物連鎖網のなかでより上位に位置する魚種、すなわち高次捕食者ほど、取り込む餌生物の放射性セシウム濃度が高く、魚体の濃度も高くなることが予測されました

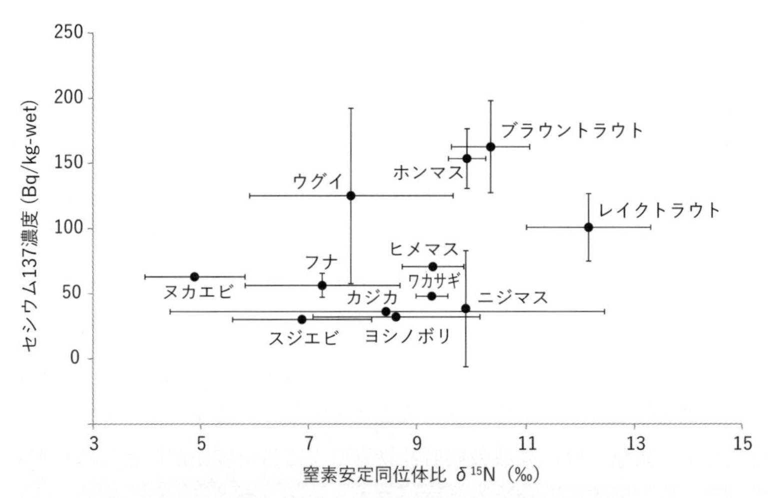

図5-7　中禅寺湖に生息する魚類（2014年4月～5月採取）の窒素安定同位体比とセシウム137濃度との関係

（海産魚の例として、冨樫・栗田[30]）。しかし栄養段階の指標とされる窒素安定同位体比（3章参照）が最も高いレイクトラウトの放射性セシウム濃度は必ずしも高いわけではなく、むしろレイクトラウトよりも栄養段階の低いウグイのほうが高い値を示しました（図5-7）。同時期に採取した個体について胃内容物を直接観察したところ（図5-8）、中禅寺湖のサケ科魚類やウグイはとても多様な生物を餌として取り込んでおり、レイクトラウトだけを見ても、貝類、エビ類、陸生昆虫類、水生昆虫類、ユスリカ類、魚類、糸状藻類などが胃の中から確認され、体サイズが60 cmを超える大型個体であっても胃の中から放射性セシウム濃度の低い、大量の小さなユスリカが見られることがありました。

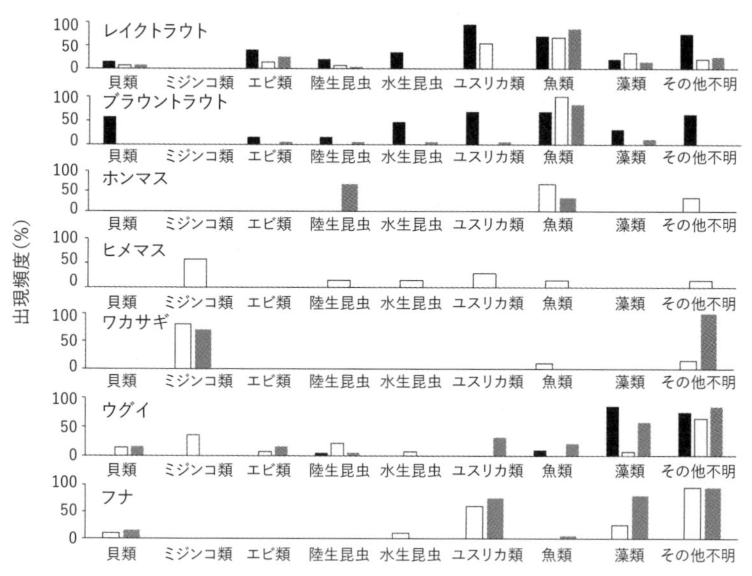

図5-8　中禅寺湖に生息する魚類（2014年4月～11月に採取）の胃内容物組成（出現頻度）
■5月 □7～9月 ■10～11月

【コラム8】5種のサケ科魚類における餌を介したセシウム137の取り込みと排出[1)]

内水面魚類では、同じ水域でも魚種間や種内の個体間で放射性セシウムの汚染度やその推移が異なることが知られています。これには食性や生息環境の違いといった生態的な要因とともに摂食量や代謝速度などの生理的な要因が関与していると考えられています。生態的な要因については、現場での調査研究を通じて一定の知見が集積されてきましたが、生理的な要因の検討は十分に行われていませんでした。そのため本研究では、セシウム 137 の取り込みと排出に魚種の違いによる生理的な要因がどのように影響するかの基礎的な知見を得るため、生態的な要因を一定とした飼育環境下での実験を行いました。

供試魚には同年級でほぼ同サイズの５種のサケ科魚類（イワナ、ヤマメ、ヒメマス、ニジマス、ブラウントラウト）を用いました。各供試魚は 600 尾ずつ魚種ごとに水槽を分けて飼育を行い、セシウム 137 の取り込み期間として 56 日間または 98 日間にわたりセシウム 137 を 200 Bq/kg-wet 含む餌を、1 日あたり供試魚の体重の 2％以下となるように給餌しました。その後、252 日目までをセシウム 137 の排出期間とし、セシウム 137 を含まない配合飼料を給餌する区とセシウム 137 を 200 Bq/kg-wet 含む餌を継続給餌する区に分割しました。2 週間ごとに各区から 20 尾ずつサンプリングして筋肉のセシウム 137 濃度の測定を行い、サケ科魚類 5 種間における餌由来のセシウム 137 の取り込みと排出の推移を比較しました。

その結果、同じ飼育環境で同じセシウム 137 濃度の餌を同期間与えた場合、筋肉のセシウム 137 濃度の上昇率の高さは、イワナ＝ヤマメ＞ヒメマス＞ニジマス＞ブラウントラウトの順となり、魚種によって異なることが分かりました。なお同一種内において同時期にサンプリングされた個体間でのセシウム 137 濃度には、ほとんど差が認められませんでした。5 種のサケ科魚類での実効生物学的半減期（体内に取り込まれた放射性物質濃度が、物理的な減衰と生物学的な排出の両方により、実際に半分になるまでの時間のこと）は 49 ～ 84 日間でしたが、成長希釈（排出期間中の試験魚の成長が、見かけ上、試験魚中のセシウム 137 濃度を低下させること）を考慮した 1 尾あたりのセシウム 137 濃度の減少率には有意な差は認められませんでした。長期間にわたりセシウム 137 を 200 Bq/kg-wet 含む餌を与えた場合でも、5 種すべてのサケ科魚類において筋肉のセシウム 137 濃度が与えた餌のセシウム 137 濃度を大きく超えて高くなることはありませんでした。これらの結果から野外でも魚種にほぼ関わりなく、筋肉の放射性セシウム濃度は、餌生物の放射性セシウム濃度とその取り込み量によって規定されることが示唆されました。

ただし、野外において魚類が食べる餌生物の放射性セシウム濃度と餌の取り込み量には個体ごとに大きな違いがあります。このことが野外で採取される魚類の筋肉の放射性セシウム濃度に大きな個体差が生じている主な要因になっていると推察されます。

各魚種や個体がどのような餌生物を取り込むかの情報は魚類への汚染を見通す上で重要です。しかし、魚体の放射性セシウム濃度は、魚がどのような餌生物を食べているかだけでなく、それぞれの餌をどの程度取り込んでいるのか、つまり摂餌量によっても変化します。さらに魚体の放射性セシウム濃度は、代謝速度に影響する内的要因（例えば、年齢や体サイズ（Takagi *et al.*[29]、水産研究・教育機構[31]、Matsuda *et al.*[32]）や環境要因（例えば、水温[33]））によっても異なる値をとることが知られています。自然河川や湖沼に生息する魚類の放射性セシウムの取り込みや排出過程については依然として不明な点が多いのですが、出荷制限解除に向けた取り組みとしては、問題とされる水面において放射性セシウム濃度の種間差や個体差の実態を明らかにし、その推移過程を正しく把握する調査の継続が重要と考えています。

中禅寺湖の魚種間に見られる放射性セシウム濃度の差異に対して、濃度推移の傾向は魚種間で大きな違いが見られません。中禅寺湖に生息する主な魚類の実効生態学的半減期はいずれも 1500 日前後であり、この値は環境水の実効半減期や、多くの魚類が餌として取り込むスジエビやヌカエビの実効半減期ともほぼ同じ値であることが分かっています（図 5-9）。このことは、水に含まれる溶存態放射性セシウム濃度の低下に伴い、魚類が餌とする水生生物の濃度が低下し、ひいては魚類各種の濃度が低下していくことを示唆しています。ただ

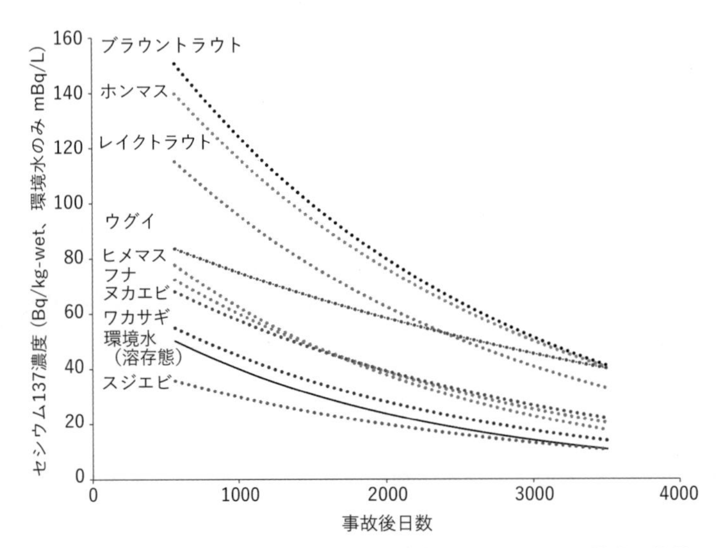

図 5-9　中禅寺湖の湖水および生息する魚類のセシウム 137 濃度の推移

し、中禅寺湖に生息する魚類のうち、ウグイについては実効半減期の推定値が突出して長いことが分かっています。中禅寺湖に生息するウグイには陸生昆虫を専ら餌とする個体の存在が確認されています。陸生昆虫の多くは、湖水の放射性セシウム濃度に影響を受けないため、水生生物とは異なる濃度推移を辿ると予想され、これらを取り込む魚類（ウグイ）の将来予測を困難にしています。

（４）内水面漁業の再開に向けて

淡水魚、海水魚にかかわらず、魚類から検出される放射性セシウム濃度は確実に低下しており、これまで長らく出荷制限の措置がとられてきた水面での制限解除が進みつつあります。例えば、福島県桧原湖では 2020 年 12 月にイワナの出荷制限が解除となり、これにより福島県内のすべての湖沼でイワナの出荷制限が解かれました（避難指示区域を除く）。霞ヶ浦では、2021 年５月にアメリカナマズの出荷制限が解除となり、これにより霞ヶ浦ではすべての魚種について食用が可能となりました。しかしその一方で、帰宅困難地域やその周辺地区など、高濃度の汚染が続き出荷制限指示が長引くことが予想される湖沼も存在します。

漁業関係者から、「河川や湖の除染はできないのか」、との声を聞くことがあります。湖沼生態系に取り込まれた放射性物質の除染、特に湖水に含まれる放射性物質を人為的に取り除くことは容易ではなく、農業用の小さなため池を除くと、これまで河川や湖沼の全域で除染が行われたところはありません。このことも内水面漁場の再開に向けての障害となっています。ここでは放射能汚染の影響を受けた漁場のあり方の一例として、中禅寺湖漁業協同組合の取り組みを紹介したいと思います。東電福島第一原発事故発生から約 1 年後の 2012 年 2 月、中禅寺湖のヒメマスから 195.7 Bq/kg、ブラウントラウトから 280 Bq/kg の放射性セシウム（セシウム 134 + セシウム 137）が検出され、これにより栃木県から 4 月からの遊漁解禁の延期が要請されました。これに対し、中禅寺湖漁業協同組合は解禁延期の要請からわずか 1 ヶ月後の 2012 年 5 月にキャッチアンドリリース（C&R）制度を導入し、遊漁者に漁場を提供する判断を下しました。C&R とは、釣り上げた魚を生かしたまま直ちに放流する行為のことを言います。中禅寺湖の遊漁者数は、C&R 制を導入した 2012 年に大きく減少したものの、2013 年に増加に転じ、2018 年には事故前の水準を上回る数の遊漁者が集まりました[34)]。このことは、地域の漁業関係者らが集客対策に積極的に取り組んできたことの現れと言えますが、カワマスやレイクトラウト、ブラウントラウトなど釣りの対象として人気はあるものの食用としてはあまり利用されない魚種の存在も、C&R による遊漁者の増加を導いたと思われます。栃木県水産試験場が実施したアンケート調査によると、中禅寺湖の C&R 遊漁者による栃木県内での消費総額（遊漁料を含む）は、2012 年から 2018 年までの 7 年間で 7.7 億円と推定されています[35)]。中禅寺湖では、C&R による漁場運営の転換によって、遊漁者を増やし、かつ地域に大きな経済効果をもたらしたと言ってよいでしょう。

一方、都市圏から地理的に離れた河川や湖沼で C&R 制を導入したとしても、中禅寺湖のような集客が見込めるかどうかは明らかではありません。例えば、福島県の河川や湖沼での主要な遊漁対象種はイワナ、ヤマメ、ワカサギ、コイですが、ここでは釣りという行為だけでなく、釣った魚を持ち帰って食べることを楽しみにしている方も多いと想像されます。また、たとえ遊漁者が増加したとしても、出荷制限がかけられたままでは、漁業を営む組合員が受けるメリットは少ないかもしれません。実際、漁業協同組合員は各地で減少傾向にあり、中禅寺湖においても例外ではありません。長期にわたり漁業再開の目処が立たない河川や湖沼を管理する漁業協同組合では組合員の高齢化も相まって、組合の解散という最悪の事態も危惧されます。また出荷制限の長期化は、ふるさとの河川や湖沼と人間活動との関わり、伝統漁法、調理など地域文化の喪失にもつながる恐れがあります。河川や湖沼での漁業の復興・再生に向けては、各地でいつまで放射能汚染が続くのかといった将来予測の見通しを立てる調査研究はもちろんのこと、地域の特性に応じた漁場利用のあり方や、漁場開放のために必要な合意形成とそのために必要となる調査データの検討、根強く残る水産物への風評被害の払拭など様々な取り組みを行う必要があると考えます。

5-2　河川に生息する魚に取り込まれた放射性セシウム

（1）河川生態系の特徴と東京電力福島第一原発事故による出荷制限

河川は、海はもとより湖沼と比べても面積に対して水量が著しく少なく、また水量に対して陸域と接する汀線が著しく長いことから、海や湖沼と比較して陸域の影響を強く受けます。またひとくちに河川といっても、置かれた環境によって陸域の影響の大きさは著しく異なると考えられます。本節では多種多様な河川の魚類のうち、上流域を代表する渓流魚（イワナおよびヤマメ）、中下流域を代表するアユおよびニホンウナギに主に焦点を当てて、河川における放射性物質の挙動について紹介します。

本節ではモデル水面として福島県および千葉県の河川を取り上げます。東電福島第一原発が立地する福島県は、会津地方に阿賀野川、中通りに阿武隈川という日本を代表する大河が地域の大半を流域としており、浜通りには宇多川、真野川、新田川、請戸川、熊川、木戸川、夏井川、鮫川等々の中小河川が太平

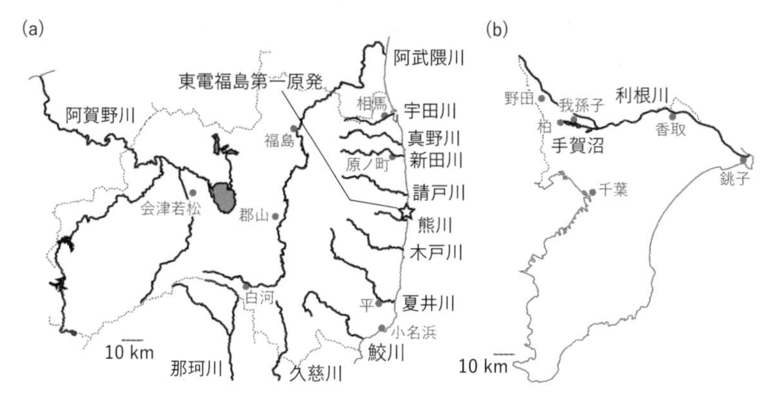

図 5-10　(a) 福島県の主要河川、(b) 千葉県の利根川および手賀沼

洋に向けて流れています（図 5-10）。そして多くの河川でアユや渓流魚が釣獲されてきており、会津地方ではウグイが郷土料理の材料として知られています。その他にも多くの魚種が生息していますが、2022 年 10 月の段階では、これらのうちヤマメ、ウグイ、イワナ、モクズガニ、アユ、フナの各魚種において、それぞれ水域を指定して出荷あるいは採捕を差し控えるように、国あるいは福島県から要請されていました（表 5-1）。これらの水域の他にも立ち入りが制限されている区域での漁業はできず、また漁協が遊漁承認証の発行を停止している場合には遊漁はできません。一方、千葉県の北辺には関東地方の過半を流域とする利根川が流れています。利根川において、2022 年 11 月の段階では境大橋より下流のニホンウナギ、それに手賀川のニホンウナギ・コイおよびギンブナが出荷自粛とされていました。

（2）生物における放射性物質の挙動

東電福島第一原発事故から 1 年後には、短い物理学的半減期をもつ核種は減衰し、放射能汚染の大部分はセシウム 134 とセシウム 137 によるものとなりました [36)]。なかでもセシウム 137 は物理学的半減期が 30.1 年と長いことから、長期にわたって汚染が持続するため、この核種が現在の主たる問題となっ

表5-1　福島県および千葉県における、出荷規制の一覧

福島県

魚種	流域	備考
ヤマメ	新田川（支流を含む） 太田川（支流を含む） 真野川（支流を含む） 福島県内の阿武隈川（支流を含む）	国から出荷制限を指示
ヤマメ	新田川（支流を含む）	国から摂取制限を指示
ウグイ	真野川（支流を含む）	国から出荷制限を指示
イワナ	福島県内の阿武隈川のうち信夫ダムの下流（支流を含む）	国から出荷制限を指示
アユ	真野川（支流を含む） 新田川（支流を含む）	国から出荷制限を指示
フナ	真野川（支流を含む）	国から出荷制限を指示
モクズガニ	真野川	県から採捕自粛を要請

千葉県

魚種	流域	備考
ウナギ	利根川（境大橋の下流）（支流を含む。ただし、印旛排水機場および印旛水門の上流、両総用水第一揚水機場の下流、八筋川、与田浦ならびに与田浦川を除く）	国から出荷制限を指示
ギンブナ	手賀川（支流を含む）	国から出荷制限を指示
コイ	手賀川（支流を含む）	国から出荷制限を指示

ています。セシウム134やセシウム137は、それぞれセシウムの同位体の1つです。セシウムはアルカリ金属の一種で、生物の体内においてカリウムと似た挙動を示すものとされています[37)]。カリウムは体内では細胞内に偏在しており[38)]、その量は動的な平衡によって調節されているために、通常ならば過剰に蓄積することはありません。ですからセシウム137がカリウムと同様の挙動を示すのであれば、それは重金属に見られるような生物の体内への蓄積が起こらないことを意味します。実際に、サケ科魚類数種類の飼育実験によって、魚体中の放射性セシウム濃度が魚粉由来の人工飼料の放射性セシウム濃度によって定まる水準を超えないことが確認されています[32)]。セシウムがカリウムと同様の挙動を示すということはまた、生物のセシウム137濃度は、生物の体重における細胞が占める質量、そして体内に取り込んだセシウム137と

カリウム（全同位体の合計）の原子数の比が関係して決まることを意味します。

現象論的には魚類のセシウム 137 濃度は食物連鎖網において高位の生物で高いものと考えられており[30) 39) 40)]、この現象を生物濃縮と呼びます。また同種ならばサイズが大きいほど濃度が高いと考えられています[40)]。しかし内水面においては、ウグイではむしろサイズが大きいほうがセシウム 137 の濃縮係数（魚体における濃度を環境水における濃度で除して得られる値）が低かった例が示されており、また河川においては魚類の食性と濃縮係数との関係は認められなかったとされています[40)]。中禅寺湖における調査でも、雑食性のウグイの中に、魚食性の強いレイクトラウトよりもセシウム 137 濃度が高い個体が多数認められるなど（5-1 参照）、セシウム 137 濃度がその魚種の食物網中の位置からは必ずしも理解できない例が認められています。また上述のセシウムの特徴を考えると、生物濃縮が起こるメカニズムを単純に理解することは難しく、セシウムとカリウムの挙動の違いがあって、それが関与している可能性なども考えておく必要があるかもしれません。

放射性セシウムの由来については、ヒメマスを用いた飼育実験によって主要な放射性セシウム（セシウム 134 とセシウム 137 の合計）源が餌であることが確認されており[41)]、他の魚種でも同様だと推定されています[42)]。したがって、内水面における陸域からの魚類への影響としては、魚類が摂餌する餌のうち陸域から供給されるもの、あるいは陸域の生物を起源とする食物連鎖を考えればよいのです。すなわち直接的には川に落下してくる陸生生物を魚類が捕食するような場合があり、またより間接的には陸域から供給される落ち葉などを食べる水生生物が魚類の餌となっている場合もありえます。このようなイベントが発生する確率は河川の環境によって異なりますが、イベントの多い河川ほど、陸域のセシウム 137 の影響を強く受けることになります。

（3）河川生態系におけるセシウム 137 の挙動

海では、ほとんどの魚の出荷制限が解除された現在も、内水面においてはセシウム 137 の濃度が高い魚が採取される地域が多く残されており[28) 42)]、多くの魚に出荷制限がかかったままになっています（表5-1）。しかも、ここ数年の推移を見る限りでは、近いうちに急速にセシウム137濃度が下がりそうな見込みもありません。なぜ河川ではセシウム137濃度がなかなか下がらないのでしょうか。

水産研究・教育機構（水産機構）では、福島県・千葉県の水産関係研究機関とともに福島県の新田川、木戸川、鮫川および阿武隈川、それに千葉県の利根川において、渓流魚、アユ、ニホンウナギの3種を中心に調査を実施してきました。

①　渓 流 魚

渓流と称される河川の源流域における主たる漁獲（釣獲）対象種は、福島県においてはヤマメとイワナです。この両種はかなりの重複域をもちながらもイワナのほうがより上流域に生息する傾向があります[43)]。そして、岐阜県高原川流域における夏季の観察によれば、イワナの餌は50％以上を陸生昆虫が占めたものの、ヤマメが同所的に生息する場においてはヤマメが陸生昆虫を優先的に利用し、その場合にはイワナは水生昆虫の利用率が高くなることが認められています[43)]。要するに、渓流魚が陸生昆虫と水生昆虫とをどのような割合で利用するかは河川の環境に加えて競争相手の影響もあり、冬季には陸生昆虫の利用が減少するなど季節も影響する[44) 45)]と考えられるのですが、状況によっては相当な量の陸生昆虫を食べている場合があります。渓流魚は陸域の影響を受けやすいことに加えて、移動の問題があります。たとえ土壌や生態系の汚染度

図5-11　福島県摺上川水系における調査風景
特別採捕許可を得て電気ショッカーによって調査対象の魚類を採取している。（2019年10月著者撮影）

が低い地域であっても、汚染度が高い地域から移動してきた魚が採捕される可能性があるとすれば無視はできません。そしてヤマメやイワナは寒い地域に生息する群を中心に、海に降り、また川に戻る習性があるわけですから、長距離を移動する能力をもっていることは疑いようがありません。東日本大震災からの復興においては、阿武隈川のような長大な河川において、流域のごく一部に比較的放射線量が高かった地域を含んでいたことから、移動の問題を考える必要がありました。

寺本ら[46]は請戸川、熊川、新田川、阿武隈川および阿賀川における調査によって、空間線量率とヤマメのセシウム 137 濃度の 99 パーセンタイル値（99PT、対数正規分布を仮定して、母集団の 99 % が含まれると推定される値）との関係を

ヤマメのセシウム 137 濃度　(Bq/kg-wet, 99PT)
= 799 (Bq/kg-wet, 99PT/μSv/h) × 空間線量率（μSv/h）　…（1）

と推定しました。また阿武隈川水系 4 地点における調査によって、より空間線量率が低い地域における関係を

ヤマメのセシウム 137 濃度　(Bq/kg-wet, 99PT)
= 632 (Bq/kg-wet, 99PT/μSv/h) × 空間線量率（μSv/h）　…（2）

と推定しました[47]。

さらに寺本[47]は公表されている空間線量率の航空機モニタリングデータをもとにした汚染指数（Radioactive Contamination Index：RCI）を定義し、この RCI をその集水域における空間線量率と見なした場合、イワナおよびヤマメのセシウム 137 濃度の最大値は式（2）で導出される値を概ね上回らないという関係性を指摘しました。このことは、調査のために現地に赴いて魚類を採取し、放射性物質濃度を測定する前に、公表されている空間線量率データを

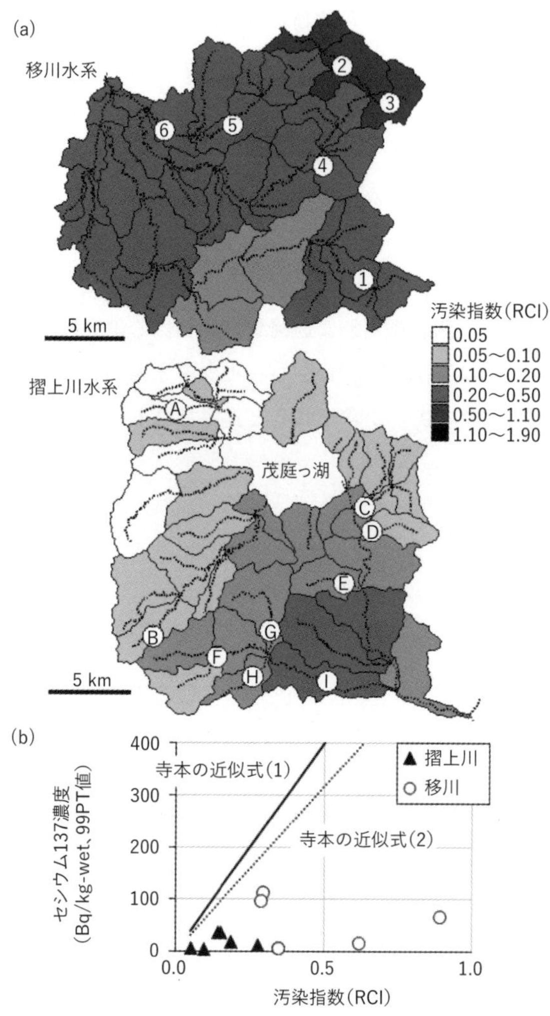

図5-12　(a) 阿賀野川支流における調査地点（移川水系(1〜6)）および摺上川水系（A〜I)、(b) 調査結果

もとにして、高濃度の放射性セシウムが検出される魚が存在する可能性がある地域を予測できることを示しています。そこで水産機構と福島県内水面水産試験場は、阿武隈川の支流である摺上川水系および移川水系においてより詳細にRCIを算出し、また図5-12 (a) に示した各地点においてヤマメを採取して放射性セシウム濃度を測定しました。それによれば、例えば移川水系で最もRCIが高かった区域におけるRCIは0.8966であり、関係式（1）によれば716 Bq/kg-wet、関係式（2）によれば567 Bq/kg-wetとなります。一方で実際にこの地点で採取されたヤマメのセシウム137濃度の最大値は67 Bq/kg-wetであり、99パーセンタイル値は65.1 Bq/wet-kgでした（図5-12 (b)）。これらは寺本の関係式から予想

されるよりも低い数値ではありましたが、寺本らの報告に今回得られた結果を加味して検討しても、やはり空間線量率が増加するとともに魚体のセシウム137濃度も増加するように見えますので、新しいデータを考慮して、関係式をさらに改良することができないかと我々は考えています。

このように空間線量率とヤマメのセシウム137濃度との間に関係が認められるということは、ヤマメの移動の影響がその能力から考えうるよりも実際には小さく、ある地点で採捕されるヤマメのセシウム137濃度は移動先の空間線量率を反映することを示唆しています。実際に、ヤマメと亜種関係にあたるアマゴにおいても[48)]、あるいはイワナにおいても[49) 50) 51)]、少なくとも1歳魚以上の魚においては定着性が強く、以前に採捕ののち放流された淵から、数ヶ月後に再捕獲される例さえ多く見られることが知られています。成長過程における移動の習性は知られており、ヤマメは当歳の4月以降に川を降り[52)]、イワナにおいても1歳魚以上になると降下するものが認められています[52)]。

その一方で、福島県においては福島県漁業調整規則によって全長15 cm以下のイワナやヤマメの採捕が禁止されています。したがって仮に高線量地域で生まれた魚が稚魚期に河川を降下しても、その後に低線量地域で長い期間を過ごせば、採捕可能なサイズに達する時点ではセシウム137は希釈されて低い濃度になると考えられます。逆にイワナやヤマメが産卵期に川を遡上することは知られていますが[53)]、例えば阿武隈川流域における比較的空間線量率が高い地域は上流部に限定されていますので、産卵遡上によって低線量地域にセシウム137の濃度が高い魚が紛れ込む可能性は低いと考えられます。そのうえ砂防堰堤や取水堰堤のような工作物の存在によって、イワナやヤマメの遠距離の移動は一層可能性の低いものとなります。以上のような理由から、阿武隈川流域においては、流域の空間線量率が低い水域から放射性セシウム濃度が高いイワナやヤマメが採捕される可能性は低いと推定されるのです。

② ア　ユ

アユについては、福島県の新田川、木戸川、四時川（鮫川水系)、阿武隈川、大川（阿武隈川水系）による調査データから、筋肉および内臓のセシウム 137 濃度と、環境水のセシウム 137 濃度との相関が示されました。アユは川でふ化し、海での生活を経て川に遡上します。遡上後に急速に成長するために、アユ釣りが解禁されて釣獲が可能になる時点におけるセシウム 137 濃度には遡上以前の放射性物質への曝露歴が反映されにくく、またふ化から 1 年で死亡することから、そのセシウム 137 濃度は採捕される水域のその時点での環境に強く影響されるものと考えられます。またアユは藻類を多く食すことから、渓流魚と比較すると陸域からの直接の影響を受けにくい魚種だと考えられます。

アユは多くの地域で内臓まで食べられており、福島県でも例外ではないことから、内臓のセシウム 137 濃度も無視できません。水産機構と福島県内水面水産試験場との共同研究によれば、過去の報告[27]においても、その後の調査においても、アユの内臓のセシウム 137 濃度は一貫してアユの筋肉の濃度よりも高く、そしてアユの内臓のセシウム 137 濃度は採取された河川の藻類の濃度に近い値を示してきました（図 5-13）。捕食者であるアユの筋肉では餌となる藻類よりもセシウム 137 濃度が低かったように見えますが、藻類サンプルに含まれている消化されないシルトのために、藻類およびアユの内臓のセシウム 137 濃度が高く評価されている可能性もあります。もしそうならば、上流が高濃度に汚染されているような環境においては、上流から流下する粒子が多くなる増水期や出水直後にはよく注意すべきだ、ということになります。河川の魚類におけるセシウム 137 濃度について、環境水中の懸濁粒子や有機体炭

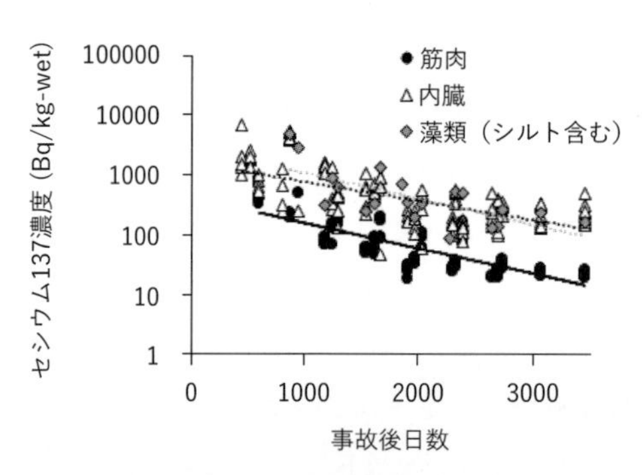

図 5-13　福島県内のある調査地点におけるアユの筋肉、アユの内臓および藻類（シルト含む）のセシウム 137 濃度の推移

素が多いほど濃縮係数が下がるという関係性が指摘されていますが[40]、これはこれらの粒子からの溶出によって環境水のセシウム137濃度が上昇するものの、それが短期的に魚体の放射性セシウム濃度を大きく押し上げるまでには至らないことを示唆しているのかもしれません。

③　ニホンウナギ

千葉県の利根川は東電福島第一原発から遠く離れています。しかし水産機構と千葉県水産総合研究センターが利根川のニホンウナギの共同調査を開始した2015年以降、セシウム137濃度が40 Bq/kgを超えるニホンウナギがときおり認められています。ここまで見てきたヤマメ、イワナ、アユは、主に釣りの対象となる魚種です。食べておいしいことはもちろんですが、たとえ放射性物質濃度が十分に低下しなかったとしても、C&Rのような暫定的な対応策がないとは言えません。しかしニホンウナギはそれとは異なり主に食用対象種、すなわちいわゆる漁業の対象として扱われるので、放射性物質の濃度は決定的に重要です。ニホンウナギは、河川湖沼で「黄ウナギ」として定着生活を送ったのちに、成熟が進んで産卵のために回遊する「銀ウナギ」に変態することが知られています[54]。水産機構と千葉県水産総合研究センターは、利根川における調査において、黄ウナギと銀ウナギのセシウム137濃度について異なった傾向を認めました。すなわち黄ウナギではセシウム137濃度が10 Bq/kg-wet

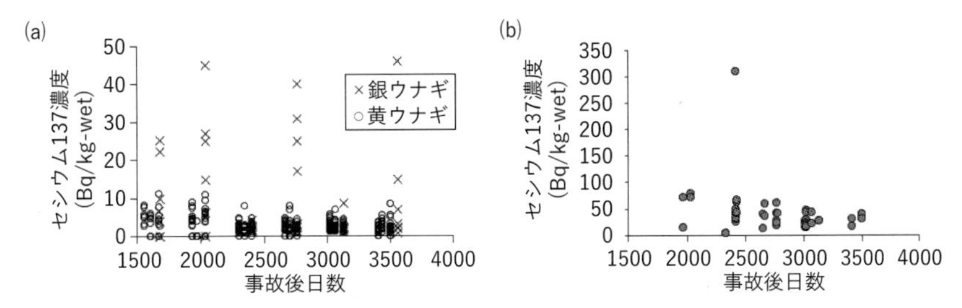

図5-14　(a) 千葉県利根川および (b) 手賀沼におけるニホンウナギのセシウム137濃度の推移

利根川のデータは銀ウナギと黄ウナギを区別した。

を超える個体はまれであり、20 Bq/kg-wet を超える個体は、調査を開始した2015年以降、1尾も捕獲されていませんが、銀ウナギについては10 Bq/kg-wet を超える個体が定期的に捕獲されています（図5-14（a））。このことから、採取した地点に定着している黄ウナギはセシウム137濃度が低く、一方でセシウム137濃度が高かった銀ウナギは、セシウム137濃度が高い環境（図5-14（b））で生活した後に銀ウナギとなって採取地点に移動してきた個体ではないかという仮説を立てることができます。黄ウナギと銀ウナギは見た目が異なるうえ、漁法も異なるので、黄ウナギに限って採捕することは漁獲技術的には可能であり、一部だけでも出荷制限解除の可能性があるのかもしれません。

（4）実効生態学的半減期

水産業にとって放射性物質の挙動を検討する目的は、結局はいつから採捕を再開できるのか、ということになります。そしてそれはC&Rのような特殊な方策を考慮の外に置けば、放射性物質濃度が基準以下に下がるのはいつなのかという問いかけで言い換えることができます。この問題を考えるために必要なのは実効生態学的半減期（effective ecological half-life）[55]という考え方です。放射性元素は一定の確率で放射線を出して崩壊するので、その量は物理的には対数曲線を描く形で減少します。すなわちある核種の量が半分に減少する時間は原子の数にかかわらず一定であり、これを物理学的半減期（physical half-life）と呼びます。セシウム137の物理学的半減期は約30.1年ですから、いまセシウム137濃度が500 Bq/kg-wet の魚であっても、70年間ほど放置すれば100 Bq/kg-wet 以下に下がる理屈です。一方、物理学的半減期とは別に、生態系においては生物の移動や流下によって生物の放射性物質濃度は減少しますが、この濃度がある時点の半分になるまでの時間の長さを生態学的半減期（ecological half-life）と呼んでいます。実際の生態系では、物理学的半減期と生態学的半減期との両方が作用するので、この際の見かけの半減期を実効生態学的半減期と呼んでいます（編者注：単に実効半減期と呼ぶこともあります）。東電福島第一原発事故の被災地域を全体的に見れば、セシウム137の新たな供給はほとんどなく、下流へ、そして海へ向けて流出する傾向ですから、これまでに計算された河川の魚類の実効生態学的半減期は、物理学的半減期よりも著しく短いのが常となっています。ところが詳細に検討すると、事故直後には採取される魚のセシウム 137 濃度が急速に減少しましたが、最近では減少の速度が鈍っています。例えば 2013 ～ 2015 年のデータでは、福島県の木戸川および新田川におけるアユ筋肉のセシウム 137 の実効生態学的半減期はそれぞれ 556 日と 812 日と算出されていましたが、2016 ～ 2020 年のデータを用いると、この両河川のアユの筋肉の実効生態学的半減期はそれぞれ 1954 日と 1354 日となっていました。このように生態系において放射性物質濃度の減少の速度が鈍る現象は東電福島第一原発事故に特有のものではなく、既にチョルノービリ原発事故による放射性物質の挙動の研究において、ブラウントラウトとホッキョクイワナを例に、急速に減衰する成分と緩慢に減衰する成分の 2 成分モデルによる解釈が提案されています [2)]。この研究においては、急速に減衰する成分としては降雨や流水によって容易に排出される表層の放射性セシウムを想定し、緩慢に減衰する成分としては土壌に捕捉されたり物質循環に取り込まれたりするセシウム 137 を想定しています。ここで言う陸域に加えて河川を含む陸地では、海と比較して流れる水の量も少なく、水が物質を運搬する力は一般に小さいと考えられます。また陸域においては有機物やミネラルなど生体を構成する物質が風などの物理現象や生物の移動によって、水の流れとは反対方向にも移動することから、河川を含む陸地では閉鎖的な物質循環系が形成されます。この物質循環系にセシウム 137 が取り込まれるために、環境中のセシウム 137 濃度の減耗の速度が著しく鈍化すると考えられます。阿武隈川流域（河川を含む陸地）では 2011 年 6 月から 2017 年 3 月までの期間に 10 TBq（TBq=10^{12} Bq）のセシウム 137 が太平洋に排出されたものの、それはこの地域に降り積もったセシウム 137 の 4.8 % に過ぎず、物理的な減衰を考慮しても 82 % のセシウム 137 がこの期間中に系内に残存したと見積もられています [8)]。河川における魚類の放射性セシウムの挙動は、このような形で陸域におけるセシウム 137 の動向に強く規定されているのです。

（5）残された課題

内水面においては、多くの漁協において遊漁承認証の発行が収入の柱となっています[56)]。水産業は経済行為ですから、このような水域においては来訪する遊漁者数の回復こそが、水産業の復興の最も重要な目標となります。仮に放射性物質濃度が十分に低減しても、遊漁者数が回復しなければ地域の水産業にとっての経営における意義は乏しく、逆に仮に放射性物質濃度が十分に低減しなくても、遊漁者が完全に回復して遊漁料収入が安定し旧に復するならば、応急的ながら水産業の基本的な体制は復興したと言えるのです。日本でも既にC&Rが広く認知されて定着しており、そのような方策によって放射性物質濃度の低下が十分でない水域における水産業の復興が現実的なものとなっています。湖沼においては、中禅寺湖におけるC&Rの導入による遊漁の早期回復の事例があり、C&Rが有用な場合がありえることが示されていますが（5-1参照)、河川は湖沼よりも一層遊漁への依存度が高いにもかかわらず、今のところこの面からの研究が着手されていません。出荷制限・採捕自粛措置によって、福島県内の河川では遊漁による漁獲圧が低い状態が維持されており、釣り人からもそのような河川における遊漁に対する期待の声がありますが、C&Rに限定されて釣獲魚の持ち帰りができない場合に、実際にどの程度の遊漁者の来訪が見込まれるのかは、現状では未知数です。もちろん、主たる釣獲対象種であるヤマメ、イワナ、アユといった魚は味の面でも人気があるため、釣獲魚を持ち帰りたいという需要はありますし、河川においても採取された魚を販売して収入を得る漁業も小規模ながら存在します。このため仮にC&Rによる遊漁が可能になったとしても、魚体の放射性物質濃度の低減は、課題として残されます。また主として漁業の対象である魚種、例えば利根川のニホンウナギにおいては、海と同様に魚体の放射性物質濃度の低減こそが最も重要な目標です。このように内水面の多様性に鑑みると、水域の置かれた条件に応じた多様な対応のメニューが用意されることが必要となりますが、中でも河川漁場の大半を占める遊漁を中心とした漁場において、それに対応した方策の検討がなされておらず、その経済効果も見積もられていない点が、河川における現時点で残された大きな問題です。

第6章　海洋生物のストロンチウム 90 濃度を測る

水産研究・教育機構（水産機構）は、東京電力福島第一原子力発電所（東電福島第一原発）事故直後の 2011 年 4 月から、日本周辺の海洋生物中のストロンチウム 90 濃度について継続的にモニタリング調査をしています。この測定結果は水産機構ウェブサイト等で随時公表していますが、総データ数は 2022 年 9 月末時点で 292 検体です。東京電力株式会社は東電福島第一原発 20 km 圏内の海域で採取した海洋生物中の放射性セシウム濃度を 2012 年 4 月から測定しています。また東京電力は、四半期ごとに放射性セシウム濃度の高い 5 検体のストロンチウム 90 濃度も測定しており、これまでの総データ数は 210 検体あまりとなっています（2022 年 9 月 28 日現在）。一方、水産庁は 2011 年以降、福島県内外の海産種の放射性セシウム濃度を測定していますが、2022 年 10 月時点でその総データ数は 15 万検体を超えています [1)]。ストロンチウム 90 の分析は時間と労力を要するため、放射性セシウムのような膨大なデータ数を蓄積することはできません。このデータ数量の差から「海洋生物がストロンチウム 90 により汚染されていることを隠すために測定データが少ないのではないか」という誤解となり、食品の安全性への不信感が生まれ、社会的な風評被害につながる可能性があります。2012 年 4 月 1 日に施行された食品中の放射性セシウム濃度（セシウム 134 + セシウム 137）の基準値 100 Bq/kg-wet は、物理学的半減期が長いストロンチウム 90 も考慮された上で決定されています。つまり放射性セシウム濃度を代表値として食品に対するストロンチウム 90 の安全性も監視することができるということです。しかし、前述した通り、ストロンチウム 90 の実測データが少ないことにより、食品の安全性に対する不安を感じる人々が存在することも我々は認識しなければなりません。このよう不安が風評被害へとつながることを払拭するために、海洋生物中のストロンチウム 90 濃度を継続的に調査する体制が水産機構に整備されました。

本章では、東電福島第一原発事故におけるストロンチウム 90 の基礎的背景の他、既報[2)]でまとめた内容に2016年以降の水産機構および東京電力の定期調査の報告データ[3)]を用いて、海洋生物におけるストロンチウム90濃度の現状について述べます。

6-1　ストロンチウム90とは

ストロンチウム90は、原子番号38のストロンチウム（元素記号：Sr）の放射性同位体であり、その物理学的半減期は28.8年と長いことが知られています。同じくストロンチウムの放射性同位体で、物理学的半減期が50.5日と短いストロンチウム89もあります。これらの放射性ストロンチウムは、セシウム137と同様に核分裂で発生する人工放射性核種であり、原発事故や核実験等に起因して環境中に存在します。本章で取り扱うストロンチウム90はβ線放出核種であり、β線はγ線と比べて透過性が低いため、体外から放射線を受ける外部被曝よりも、食事や呼吸等によって体内に取り込まれた場合の内部被曝を考慮する必要があります。ストロンチウムの化学的性質はカルシウムと似ており、体内で同じ挙動を示します。よって、カルシウムが多量に存在する骨に取り込まれやすい[4)]のですが、カルシウムと同じく代謝などによって体外へ排出されやすい特性ももっています。

6-2　東電福島第一原発事故初期の放射性ストロンチウムの放出量の評価

放射性ストロンチウムは、東電福島第一原発の事故により大気降下物として、さらに東電施設内の淡水化装置における汚染水の漏洩等により直接的に海洋環境中へ放出されました。2核種の濃度の比からその放射能が放出された要因を予測しますが、ストロンチウム89とストロンチウム90の放射能比は、2011年3月11日に補正された炉心内にある放射性核種の存在量から、およそ11.5と評価されています[5) 6)]。一方、セシウム134とセシウム137の放射能比はおよそ1です[7)]。大気から海洋表層へ放出されたセシウム137量は7.6～15 PBq（PBq = 10^{15} Bq）と見積もられています[8) 9)]。ストロンチウムはセシウムと比べて揮発性が低く[10)]、大気へのストロンチウム90の放出量はセシウム 137 の 100 分の 1 以下のおよそ 0.14 PBq と評価されています[6]。2011 年 4 月初旬には、高濃度の放射性セシウムおよびストロンチウムを含む汚染水が海洋へ直接漏洩し、セシウム 137 の漏洩量は 3.5 PBq と算出されています[11]。この汚染水のストロンチウム 90/ セシウム 137 放射能比は 0.0256[12] と算出されており、ストロンチウム 90 の漏洩量は 0.09 PBq です。このように、東電福島第一原発の事故における海洋環境中への放射性ストロンチウムの放出量はおよそ 0.2 PBq であり、11 ～ 18.5 PBq 放出した放射性セシウムと比べてはるかに少なく、海洋生物の放射性物質濃度（例えばセシウム 137 濃度、ストロンチウム 90 濃度）に与える影響はそれほど大きくないと考えられています。

6-3　ストロンチウム 90 濃度の実測値が求められる背景

海洋生物におけるストロンチウム 90 濃度の実測値が求められる背景として、1 つは前述している通りストロンチウムが骨に取り込まれやすいという化学的性質をもつことです。この放射性物質の体内への取り込まれやすさは、海洋生物中の放射性物質濃度と海水中の放射性物質の濃度の比である濃縮係数（海洋生物中の濃度 / 海水中の濃度）で表すことができます。海洋に生息する魚類におけるストロンチウムの濃縮係数は骨も含めて 3、セシウムの濃縮係数は 100 であり[13]、ストロンチウムは体内に蓄積しにくいのです。しかし、ストロンチウム 90 は物理学的半減期がおよそ 30 年と長いことから海洋生物が長期間にわたり汚染されるのではないかと、特に我が国では海洋に生息する魚類の一部は骨まで食することからも懸念されました。

ストロンチウム 90 は、国外においても関心を集めてきました。これはストロンチウム 90 が、放射性セシウムと同じく、過去の核実験や原発事故により大量に放出された主要な放射性核種だからです。実際、東電福島第一原発での事故以前の日本周辺に存在するストロンチウム 90 は、1945 年から 1980 年に北太平洋で実施された大気圏内核実験に起因するグローバルフォールアウトの影響を受けたものが主となっています[14] [15]。

そのセシウム137/ストロンチウム90放射能比は1962年時点でおよそ1.5と評価されています[16]。ストロンチウムは雨水によりセシウムよりも早く土壌から離れるため[17][18]、日本の土壌表層のセシウム137/ストロンチウム90放射能比はグローバルフォールアウトの比よりも高く、また河川のストロンチウム90濃度が高いという報告もされています[19][20]。1986年に起きたチョルノービリ原発事故では、およそ85 PBqのセシウム137と10 PBqのストロンチウム90が大気へ放出され[15]、多くは欧州の陸域と淡水域へと広範囲にわたり拡散しましたが、海域表層へはセシウム137が16 PBqであったのに対し、ストロンチウム90は無視できるレベルでした[16]。このようにストロンチウム90は過去の大気圏内核実験やチョルノービリ原発事故により放出された放射性核種の1つであり、それらに起因して東電福島第一原発事故以前から日本周辺の環境中に存在し続けていましたが、日本国内外においては、特に原子力関連施設での事故で注目される核種となっています。

6-4　海洋生物中のストロンチウム90濃度の測定方法

海洋生物試料は、水産機構に所属する漁業調査船である蒼鷹丸と若鷹丸の調査航海での採取物や福島県の漁業協同組合等を通して入手した漁獲物です。図6-1にこれまで得られた試料の採取地点を示します。福島県沖を中心とする東日本太平洋側を重点的に調査しました。魚類試料は、福島県の名産品であるヒラメや、骨ごと食するシラスやコウナゴ、さらに深海域への影響も見るために水深1,400～2,000 mで採取したイバラヒゲ等種々の魚類を対象としてストロンチウム90濃度を測定しました。魚類以外では、ガザミ等の甲殻類、貝類やスルメイカ等の軟体動物、ナマコ等の棘皮動物等、多岐にわたる海洋の生物種を対象としており、分析部位を含めて詳細は水産機構ウェブサイト内で報告しています[21]。

なお、ストロンチウム89濃度については、物理学的半減期が50.5日と短く、2017年度をもってモニタリングを終了しており、以降本章ではストロンチウム90濃度についてのみ取り扱うこととします。ストロンチウム90濃度は分析部位により大きく変わり、骨部位（アラ）や甲羅のみを測定対象にするとストロンチウム 90 が検出されやすくなります。しかし食品の安全性という観点からは、可食部である筋肉中のストロンチウム 90 濃度の測定が不可欠です。これらのことを踏まえて、魚類試料は内臓を取り除いた魚体全体を主な測定対象としました。一方、内臓等を食することがあるカタクチイワシ、貝類やイカ類等は内臓も含めて全体を測定することもあります。また、一部の魚類試料は、内臓および筋肉を除いた骨部位（アラ）中のストロンチウム 90 濃度を測定しています。各試料を適切に解体処理後、乾燥（105 ℃)、炭化（320 〜 420 ℃)、灰化（約 450 ℃）を経て乳鉢で粉砕し、灰試料とします。ストロンチウム 90 分析に供する前に、まずこの灰試料は、ゲルマニウム半導体検出器で放射性セシウムを含む γ 線放出核種を測定します。放射性セシウム濃度の検出下限値は計数誤差の 3 σ とします。

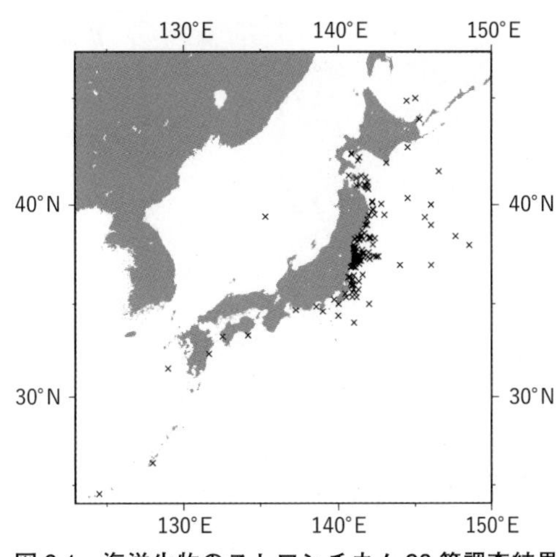

図 6-1　海洋生物のストロンチウム 90 等調査結果の試料採取地点

（出典：水産研究・教育機構 [19]）

ストロンチウム 90 の測定は、公定法である放射能測定シリーズ 2「放射性ストロンチウム測定法」[22] に準じて行いました。およそ生 1 kg に相当する灰試料を、マイクロ波試料前処理装置により高温・高圧下で酸分解します。試料溶液中のストロンチウム濃度は、ICP 発光分光分析装置で測定し、回収率の算出に用います。ストロンチウムの収率を上げるために安定ストロンチウムを添加します。炭酸塩沈殿法、シュウ酸塩沈殿法、およびイオン・カラム法により、カルシウム等の夾雑物質を除去しました。ストロンチウム 90 が放出する

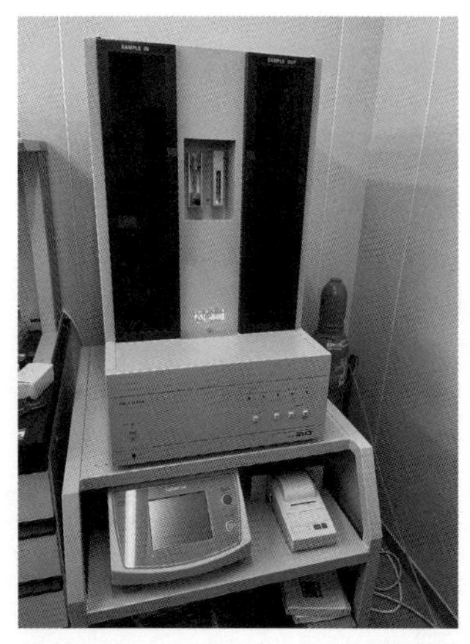

図6-2　低バックグラウンドβ線測定装置

β線のエネルギーは0.546 MeVと弱く、より強い2.28 MeVのβ線のエネルギーを放出するイットリウム90を測定することでストロンチウム90濃度を求めます。イットリウム90（物理学的半減期：約64時間）は、ストロンチウム90が壊変して生成される娘核種であり、ストロンチウム90の物理学的半減期が長いため、2週間程度でイットリウム90はストロンチウム90とほぼ同量となる放射平衡に達します。よって、鉄共沈法によりストロンチウム90の娘核種であるイットリウム90を除去したのち、試料溶液中のストロンチウム90からイットリウム90が生成して放射平衡に達するまで2週間以上静置しました。再度、鉄共沈を行い、イットリウム90を回収し、低バックグラウンドβ線測定装置で計数値を得ました。公定法に従い、採取日における試料中のストロンチウム90濃度を算出しました。ストロンチウム90濃度の検出下限値は、放射性セシウムと同じく計数誤差の3σとします。なお、これまで水産機構が報告したストロンチウム90濃度データの測定値は、水産機構ならびに一般財団法人九州環境管理協会（福岡市）、公益財団法人日本分析センター（千葉市）の2つの外部分析機関で実施されたものです。

6-5　事故以前の海水魚のストロンチウム90、セシウム134、137濃度

放射性物質のモニタリング調査は、日本の陸域および周辺の海域において、大気、雨水、地下水、海水、海底堆積物、食品や種々の生物を対象として長年にわたり行われています。はじまりは1954年にマーシャル諸島ビキニ環礁・エニウェトク環礁で米国が核実験を行った際に付近で操業していた日本のマグロ漁

船第五福竜丸乗組員が被曝したことを契機として、食品や環境への放射能汚染に社会の関心が高まったことに対応するためです。当時は水産庁に所属する研究所であった水産機構もマグロ類の放射能汚染問題に対応するため調査船を派遣しており、その歴史は書籍『福島第一原発による海と魚の放射能汚染』[23) 24)] に詳しく記載されています。現在の日本周辺海域における放射能調査は、原子力艦寄港海域や原発が所在している地域とその周辺等において水産機構を含む複数の機関により継続的に実施されており、原子力規制庁のウェブサイト「日本の環境放射能と放射線」[25)] にまとめて収録されています。これらの測定データを用いて、東電福島第一原発事故直前の日本周辺の海洋魚類におけるストロンチウム 90 濃度とセシウム 137 濃度がどれくらいであったか、それぞれのバックグラウンドレベルを求めた方法について解説します。

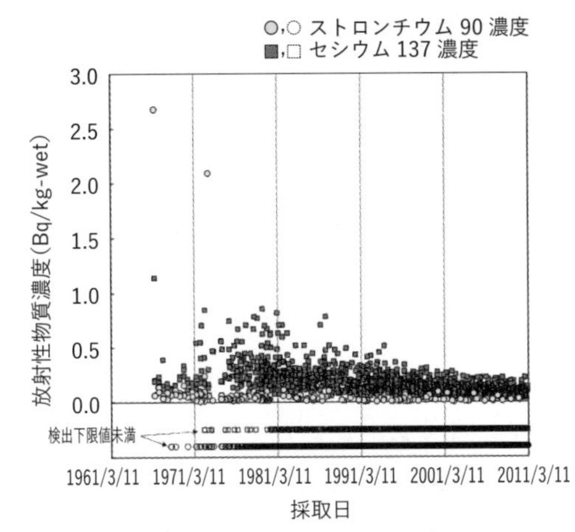

図 6-3　日本周辺の太平洋側の海水魚におけるストロンチウム 90 濃度およびセシウム 137 濃度

（出典：原子力規制庁 [24)]）

東電福島第一原発事故のストロンチウム 90 による海洋生物への影響を把握するために、まずは東電福島第一原発事故以前のバックグラウンドレベルを知ることが大切です。図 6-3 は、日本周辺の太平洋側で採取された海水魚におけるストロンチウム 90 濃度とセシウム 137 濃度をそれぞれ示しています。ここでは、分析部位について考慮しません。

東電福島第一原発事故以前の海水魚におけるストロンチウム 90 濃度は、1966 年 5 月に愛知県沖で採取されたボラ（2.7 ± 0.10 Bq/kg-wet）と 1972 年 11 月に福島県沖で採取された同じくボラ（2.1 ± 0.044 Bq/kg-wet）で高い濃度を示しましたが、多くの検体では検出下限値未満でした。一方、セシウム137 濃度が高かったのは、1966 年 5 月に愛知県沖のボラの 1.1 ± 0.086 Bq/kg-wet です。これらのデータを便宜的に 10 年ごとに大きく区分して、次のような 5 つの期間に分けます：① 1966 年 5 月～ 1971 年 3 月 10 日、② 1971 年 3 月 11 日～ 1981 年 3 月 10 日、③ 1981 年 3 月 11 日～ 1991 年 3 月 10 日、④ 1991 年 3 月 11 日～ 2001 年 3 月 10 日、⑤ 2001 年 3 月 11 日～ 2011 年 3 月 10 日。ストロンチウム 90 とセシウム 137 のバックグラウンド値を得るために、検出下限値未満の試料は除き、検出できた試料のみを対象として解析しました。まずストロンチウム 90 濃度は、期間①の 1971 年 3 月以前が他の期間と比べて高く（$p<0.001$、Steel-Dwass 法）、1991 年 3 月以降の期間④と⑤が低くなりました（$p<0.05$、Steel-Dwass 法）。この 1991 年 3 月 10 日以降に検出したストロンチウム 90 濃度の平均値 0.025 ± 0.021 Bq/kg-wet（$n = 62$）より、日本周辺の太平洋に生息する海水魚におけるストロンチウム 90 濃度のバックグラウンドレベルは、高くても 0.046 Bq/kg-wet 程度であることが分かりました。セシウム 137 濃度についても同様に解析します。ただし、期間①のデータ数は 30 と少なく、一方で他期間は 200 以上のデータ数があるため、期間①は除いて解析しました。期間②～⑤は、セシウム 137 濃度が時間経過に伴い顕著に下がっていることが明らかになりました（$p<0.001$、Steel-Dwass 法）。以上の結果、東電福島第一原発事故以前のセシウム 137 濃度のバックグラウンドレベルは期間⑤の 0.10 ± 0.045 Bq/kg-wet 程度です。このように東電福島第一原発事故以前に日本周辺の太平洋で採取された海水魚におけるストロンチウム 90 濃度およびセシウム 137 濃度は、核実験等の影響は残るものの下降の傾向を示し、低い濃度で推移していました。

6-6　事故後の海水魚のストロンチウム90、セシウム134、137 濃度

（1）福島県沖以外の海域で採取された海水魚

図 6-4 に、東電福島第一原発事故以降、これまでに測定した福島県沖以外の海域で採取した海水魚におけるストロンチウム 90 濃度および放射性セシウム

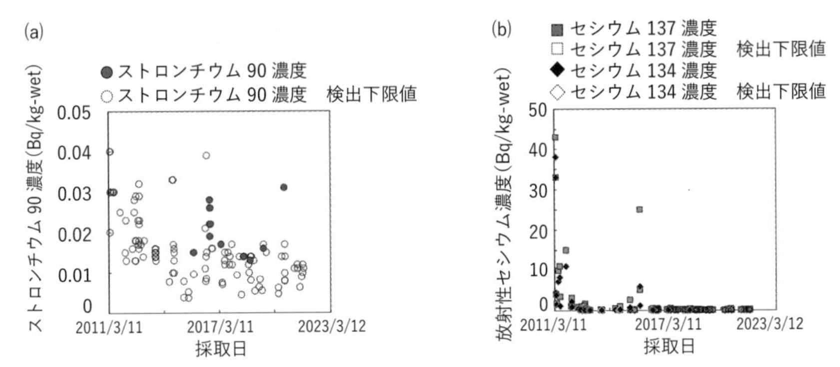

図 6-4　東電福島第一原発事故後の福島県沖以外の海域で採取された海水魚における (a) ストロンチウム 90 濃度、(b) セシウム 137 濃度およびセシウム 134 濃度

（試料の詳細は水産機構ウェブサイト [21] に掲載されている）

濃度を示します。東電福島第一原発事故後、福島県沖以外の海域における海水魚中のストロンチウム 90 濃度はほとんど検出されておらず、高くてもバックグラウンドレベル（<0.040 Bq/kg-wet）以下でした。一方、セシウム 137 濃度は東電福島第一原発事故直後に高い濃度を示し、さらに原発事故由来であるセシウム 134 濃度も検出していました。ストロンチウムはセシウムと比べて揮発性が低い [10] ため、福島県沖以外の海域まで広範囲に拡散しなかったことが海水魚のデータからも認められました。

（2）福島県沖の海域で採取された海水魚

図 6-5（a）に東電福島第一原発事故以降に福島県沖で採取した海水魚中のストロンチウム 90 濃度、図 6-5（b）にセシウム 137 濃度を示します。白抜きの記号は、検出下限値未満だった検体の検出下限値を示しています。東電福島第一原発事故から 2019 年頃まで、ストロンチウム 90 濃度はバックグラウンドレベル（<0.040 Bq/kg-wet）よりも 1 オーダー以上高い検体が多く見られましたが、2020 年以降は 0.2 Bq/kg-wet 以下で推移しており、ストロンチウム 90 が検出されないことも多くなりました。2015 年 10 月頃に採取した水産

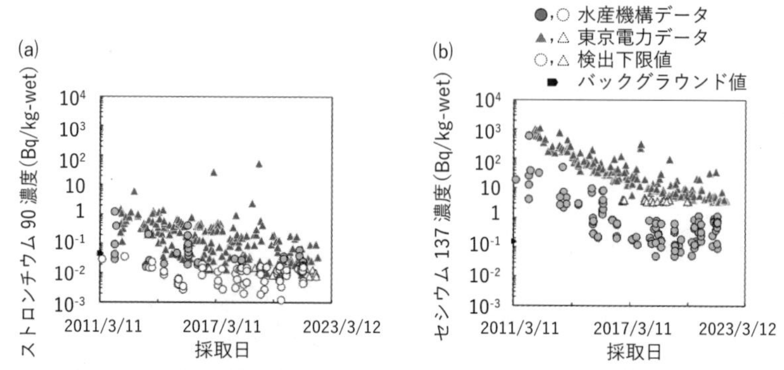

図 6-5　東電福島第一原発事故後の福島県沖で採取された海水魚における (a) ストロンチウム 90 濃度、(b) セシウム 137 濃度

機構のデータは、0.020 ～ 0.41 Bq/kg-wet と一部検体で高いストロンチウム 90 濃度を示しましたが、これらの検体は内臓と筋肉を除いた骨部位（アラ）を測定したためです。最もストロンチウム 90 濃度が高かったのは、東京電力が 2017 年 1 月 28 日に採取したクロダイと、2019 年 5 月 28 日に採取したクロソイであり、ともに東電福島第一原発の 10 ～ 20 km 圏内の南側で採取されました。クロダイのストロンチウム 90 濃度は 27 Bq/kg-wet、セシウム 137 濃度は 43 Bq/kg-wet、セシウム 134 濃度は 7.2 Bq/kg-wet です。東京電力による報告データは、ストロンチウム 90 は内臓を除いた魚体全体を測定しており、一方セシウム 137 は筋肉を測定対象としています。魚体サイズは全長 50.6 cm、重量 2.24 kg と大きく、東電福島第一原発事故前から生息していたと推察されています [26]。

クロソイのストロンチウム 90 濃度等を表 6-1 に示します。このクロソイは 3 個体をまとめて測定されていましたが、そのうちの 1 個体の耳石から全 β 線の計数値が得られました。耳石は主に炭酸カルシウムで構成され、カルシウムと同じ挙動を示すストロンチウムも取り込まれるので、β 線で計測できることがあります。また、耳石には年輪が形成されるので、その断面構造から年齢を査定します。査定の結果は 8 歳であり、東電福島第一原発事故直後から生息

表 6-1　東京電力 * によるクロソイの測定結果に基づく実効線量値

	ストロンチウム 90	セシウム 134	セシウム 137
放射性物質濃度（Bq/kg-wet）	54	6.7	95
経口摂取による実効線量係数（mSv/Bq）	2.8×10^{-5}	1.9×10^{-5}	1.3×10^{-5}
実効線量合計（mSv）	0.0029		

* 東京電力[3] 魚介類の核種分析結果より、ストロンチウム 90 は内臓を除く魚体全体、放射性セシウム濃度は筋肉を測定している。

していた個体であることが確認されました[27]。

図 6-6 は、海水魚におけるストロンチウム 90 濃度とセシウム 137 濃度の放射能比を示しています。東電福島第一原発の事故でストロンチウム 90 は、主に 3 回のイベントにより海洋環境へ流出しました[28]。1 回目のイベントが東電福島第一原発事故直後のフォールアウトであり、セシウム 137/ ストロンチウム 90 放射能比は 100 です。2 回目のイベントは 2011 年 4 月の高濃度の放射性物質を含む汚染水の海洋への漏洩で、セシウム 137/ ストロンチウム 90 放射能比は 39 です。そして 3 回目のイベントは 2011 年 12 月 4 日、東京電力は放射性セシウムを除去した後の高濃度のストロンチウム 90 が含まれる処理水およそ 150 L が海洋へ漏洩していたのを発見した件です（セシウム 137/ ストロンチウム 90 放射能比が 0.016）。このとき東京電力が東電福島第一原発南側の排水路の表層海水におけるストロンチウム 90 濃度をモニタリングしており、翌 12 月 5 日は 400 Bq/L、12 月 10 日は 9.6 Bq/L、そして 12 月 24 日には 0.45 Bq/L へと低下したことを報告しています。これら各イベントにおける海水中のストロンチウム 90/ セシウム 137 放射能比と海水魚における濃縮係数（セシウム：ストロンチウム＝ 100：3）から、各イベントによる海水魚中のセシウム 137/ ストロンチウム 90 放射能比を予測したものが図 6-6 に示した 3 つの直線です。多くの検体は、1 回目（最初のフォールアウト）と 2 回目（2011 年春の漏洩）のイベントの影響を受けています。一方でクロダイとクロソイはその年齢から、3 回目のイベント（2011 年 12 月の漏洩事故）の影響を

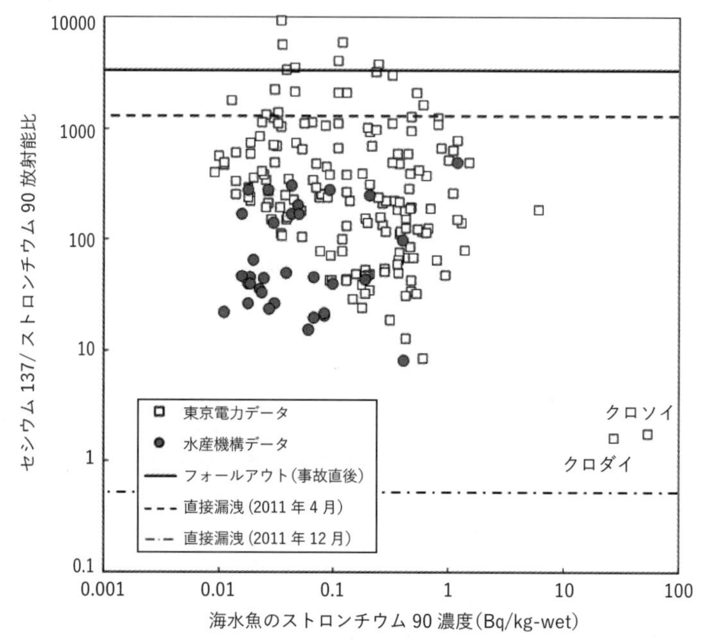

図6-6　福島県沖で採取された海水魚におけるストロンチウム90濃度とセシウム137/ストロンチウム90放射能比の関係

水産機構（2011～2022）および東京電力（2012～2022）の報告データ[3) 21)]。3つの直線は上から、東電福島第一原発事故直後のフォールアウト（——）、2011年4月の漏洩（- - -）、2011年12月の漏洩（-·-）時における海水のセシウム137/ストロンチウム90放射能比[28)]と海水魚における濃縮係数（セシウム：ストロンチウム＝100：3）から、海水魚における放射能比を予測した値。

受け、ストロンチウム90濃度も高かった可能性があります。バックグラウンドレベルよりも高いストロンチウム90濃度を示す検体もまれに見られますが、一方で、セシウム137濃度はバックグラウンドレベル（<0.10 Bq/kg-wet）よりも1オーダー高い濃度の検体が多いことから、ストロンチウム90の海水魚への汚染は放射性セシウムと比べて小さいと言えます。

東電福島第一原発事故以降、福島県沖の海水魚で最も高いストロンチウム90濃度を示したのは、2019年5月28日の東京電力のモニタリング調査で採取されたクロソイです。このクロソイを食したときのヒトへの影響を見るため、ストロンチウム 90 濃度と放射性セシウム濃度を実効線量へ換算して合算しました（表 6-1）。実効線量は、人体への影響を数値で表したもので、単位はシーベルト（Sv）を用います。クロソイ 1 kg あたりの実効線量は 0.0029 mSv と見積もられ、日本における食品からの年間の規制値は 0.9 mSv であることから、このクロソイの放射性物質の濃度は極めて低く、ヒトに影響を与えるレベルではないと言えます。

（3）魚類以外の海洋生物

ストロンチウム 90 は骨に取り込まれやすいことから、貝類の殻や甲殻類の甲羅等が検体に含まれていると検出されやすくなります。表 6-2 にこれまで測定した貝類および甲殻類の測定データを示します。ホタテガイ、マガキ、アワビは可食部のみを測定しており、いずれもストロンチウム 90 は検出下限値未満であったことから表に記載していません。アサリとバイ類の貝殻で 0.2 Bq/kg-wet を超えるストロンチウム 90 濃度が検出され、福島県沖を含む太平洋と日本海で得られた検体では近い濃度を示しています。甲殻類では、ガザミ、ヒラツメガニおよびイセエビでストロンチウム 90 が検出されています。東京電力も 2019 年 10 月～ 2022 年 2 月に採取したガザミ 7 検体とヒラツメガニ 2 検体を丸ごと測定しており、そのストロンチウム 90 濃度は 0.051 ～ 0.078 Bq/kg-wet と水産機構の測定結果と同水準でした。水産機構では 2018 年～ 2021 年の夏季に、日本海の大和堆において漁業調査船蒼鷹丸によるカニ類の採取調査を実施しました。水深 200 m 以深の深海域に生息するズワイガニおよびベニズワイガニの甲羅のセシウム 137 濃度は検出下限値未満（<0.25 Bq/kg-wet）[29]、ストロンチウム 90 濃度は検出下限値未満（<0.14 Bq/kg-wet）～ 0.26 Bq/kg-wet でした。太平洋と日本海で得られた検体をセシウム 137 濃度のみで比較すると、福島県沖が高い傾向を示しましたが、ストロンチウム 90 は東電福島第一原発事故前から存在していますので、ストロンチウム 90 濃度のみでは東電福島第一原発事故の影響だけとは言えません。イカやタコ等の

頭足類は、丸ごとあるいは内臓を取り除いた筋肉を試料として測定していますが、骨組織が少ないこともありストロンチウム90はすべて検出下限値未満でした。

表6-2　貝類および甲殻類におけるストロンチウム90濃度およびセシウム137濃度

種名	採取海域	採取日	測定部位	ストロンチウム90 Bq/kg-wet	セシウム137 Bq/kg-wet
アサリ	宮城	2018/5/22	軟体部	< 0.014	0.028 ± 0.0048
	宮城	2018/5/22	貝殻	0.32 ± 0.071	<0.17
	福島	2018/8/1	軟体部	< 0.025	0.080 ± 0.014
	福島	2018/8/1	貝殻	0.23 ± 0.068	0.30 ± 0.089
	愛知	2019/3/26	軟体部	< 0.013	<0.027
	愛知	2019/3/26	貝殻	0.22 ± 0.071	<0.27
バイ類	日本海*	2019/7/25	貝殻	0.20 ± 0.064	<0.17
ガザミ	福島	2018/10/14	全体	0.063 ± 0.010	0.78 ± 0.039
	福島	2020/9/22	全体	0.038 ± 0.060	0.26 ± 0.021
ヒラツメガニ	福島	2020/7/19	全体	0.052 ± 0.076	0.83 ± 0.031
	福島	2020/9/22	全体	0.031 ± 0.0099	0.35 ± 0.018
	福島	2021/7/18	全体	0.039 ± 0.0062	0.23 ± 0.030
ズワイガニ	宮城	2018/10/21	全体	< 0.022	<0.030
	福島	2018/10/23	全体	< 0.019	<0.063
	日本海*	2018-2021	甲羅	< 0.16 ～ 0.26	<0.19
ベニズワイガニ	岩手	2018/10/12	全体	< 0.019	<0.070
	日本海*	2018-2021	甲羅	< 0.30 ～ 0.19	<0.32
キタイバラガニ	福島	2019/7/6	甲羅	< 0.23	<0.23
イセエビ	福島	2021/9/16	全体	0.037 ± 0.011	0.23 ± 0.016

* 大和堆

6-7　今後の見通し

東電福島第一原発事故から10年以上が経過した現在、海洋生物におけるストロンチウム90濃度の多くは東電福島第一原発事故以前のバックグラウンドレベル（<0.040 Bq/kg-wet）の範囲内で推移しています。バックグラウンドレベルを超えるストロンチウム90濃度も検出されていますが、その濃度はヒ

トへ影響を与え得るレベルではなく、海洋生物の食品としての安全性を脅かすものではありません。しかし、東電福島第一原発の敷地内に多量に保管されている汚染水の中には高濃度のストロンチウム 90 が含まれており、このストロンチウム 90 が適切に処理されずに海洋へ放出されて海洋生物を汚染するのではないかという不安から風評被害へつながることが懸念されます。この大量の汚染水は、トリチウム以外の核種を多核種除去設備により規制基準未満まで除去した処理水として、さらに海水で十分に希釈してから海洋へ放出される予定であり、ストロンチウム 90 は基準未満に除去されることになっています。ストロンチウム 90 の存在が食品への不安につながらないように、処理水の放出後も海洋生物におけるストロンチウム 90 濃度の実測データを明らかにし、現状を正しく伝え続けることが重要であると考えています。

第7章　風評被害の実態

本章では福島県漁業の復興に向けたあらゆる取り組みの中での中心的課題である風評被害を取り上げ、その実態についてこれまで明らかになっていることを紹介します。まず風評被害の定義や発生メカニズムに関する一般的な理解を踏まえつつ、福島県産水産物に関して、どこで、どれくらいの風評被害が発生しているのかを学術論文や報告書に基づき整理します。最後に、東日本大震災（以下、震災）以降の福島県漁業の状況をまとめ、復興がどこまで進んでいるのかという実態を踏まえつつ、今度の課題を議論します。

7-1　風評被害の定義と発生メカニズム

（1）定　義

まず「風評被害とは何か」という定義について確認します。風評被害とは原子力事故の補償問題に関連して用いられてきた言葉で、「ある事件・事故・環境汚染・災害が大々的に報道されることによって、本来『安全』とされる食品・商品・土地を人々が危険視し、消費や観光をやめることによって引き起こされる経済的被害」[1)] と定義されています。ポイントは3つあります。1つは「本来『安全』とされる」という点です。風評被害と呼ばれるケースは安全性が確保されているのにもかかわらず忌避されるケースであり、実際にリスクがあり忌避される場合には、風評被害に含めない、というのが一般的な理解です。2つ目のポイントは「人々が危険視」という点で、ここには危険と見なされている場合だけでなく、危険かどうかを判断することができない場合に避ける、という行動も含まれます。そのために「何の根拠もないのに買わない」や「根拠の真偽を確かめずに買わない」といった行動が風評被害の特徴です[2)]。3つ目のポイントは、「経済的被害」が発生していることです。精神的被害や身体的被害は風評被害の範疇には入りません。

（2）発生メカニズム

風評被害が発生する原因としては①代替財の存在、②情報の不確実性、③情報の非対称性が挙げられます[2)]。ある製品について悪い噂があるとき、その噂の真偽を確かめるためには情報収集などのコストがかかります。代替財（類似商品）が多い場合、消費者は代替財を買うことで安全性を確認する手間をかけずに危険かもしれない製品を避けることができるため、風評被害が発生しやすくなります。これが①代替財の存在です。

②情報の不確実性とは、ここでは「ある事象の起こる確率が現時点で統計的に把握されていないこと」を指します。一方、「リスク」は「過去の経験から確率が把握されている」として区別されます。リスクがはっきりしていれば、購入することによって得られる利益・恩恵と比較することで合理的に意思決定をすることができます。しかし、不確実性が高いと合理的に意思決定をすることが難しくなり、消費を避けるという行動につながります。つまり、危険視され消費されない状況です。卑近な例では、新型コロナウイルスのワクチンの場合も、接種したくないという人が挙げる理由として「将来どのような副反応があるか分からないから」ということがよくあります。これも情報の不確実性が原因で人々が忌避する事例に該当するでしょう。

③情報の非対称性とは、販売者と消費者のそれぞれがもっている情報の量や質が異なる状態を指します。例えば生産者はその製品が、どこで、どのように生産されたのか、どのような安全性の検査をクリアしているのかをよく知っています。しかし消費者には生産・検査・流通というプロセスの情報が届きにくいため、消費者が知りうるのはせいぜい目の前の製品の姿と産地情報です。このような情報の非対称性があると、消費者に重要な情報が共有されず、被災地名だけを見て消費を避ける行動につながります。

風評被害の発生においてしばしば重大な要因となるのが「報道」です。報道はある地域で起こった事件を全国的に広めます。報道により伝えられる情報は速報性が重視されることから断片的とならざるを得ないため、事件が起こった地域の人々と、そこから離れた地域に住む人々との間に「情報の非対称性」が発生しやすい状況が生まれます。例えば茨城県の東海村で起きた臨界事故では、実際には放射能汚染がなかったのにもかかわらず、首都圏に住むアンケート調査回答者の 77 % が「大量の放射能汚染があった」と考えていました[1)]。この事故は「日本で過去最大の原子力事故」として報道されたことから、人々が悪いイメージを感じ取り事実とは異なる認識をもつに至りました。またインターネット上の検索サイトで「放射能」と被災地の主要な「産地名」とをキーワードとして検索した場合のヒット件数と、各産地の水産物に対する消費者の評価価格との間に高い負の相関があることも示されています[3)]。つまりインターネット上に放射能と関連した情報の多い産地ほど消費者の評価が低い（風評被害が大きい）ということです。

風評が経済的被害として顕在化されるプロセスでは流通業者や市場関係者などの中間業者の行動も重要な要因となります。消費者や取引先の間で、ある製品の悪いイメージが拡大するだろうと中間業者が考えると、その中間業者は売れ残りによる損失を回避するために、その製品の取り扱いを控えるようになります。ここでポイントとなるのは、消費者や取引先の具体的な需要低下の度合という「事実」ではなく、中間業者の「予想」に基づいて取扱量の意思決定がなされる点です。流通段階においても情報の不確実性や非対称性があり、中間業者もそれぞれの予想に基づいて判断せざるを得ません。そして代替財の存在は他の製品を取り扱えばよいという意思決定につながります。

以上により、風評被害を解消するためには消費者と中間業者の両方をターゲットとして、代替財の存在や情報の不確実性・非対称性への対応策を検討していくことが有効と考えられます。対応策の具体案としては、福島県産水産物の魅力を発掘して他の水産物と差別化した商品として販売すること（代替財への対応策の例）や、安全性に関する情報発信（情報の不確実性・非対称性への対応策の例）、福島県内の消費者への積極的な販売（情報の非対称性への対応策の例）などが考えられます。

7-2　消費段階の風評被害

（1）消費者の価値評価

2013年から消費者庁が継続して実施している『風評被害に関する消費者意識の実態調査』の結果では、放射性物質の含まれていない食品を買いたいと考え、かつ福島県産食品の購入をためらうと回答する消費者の割合は全体の19.4％（2013年）から6.5％（2022年）に減少しました[4]。このように風評被害は原発事故直後の状況に比べると収束する傾向にあります。

風評被害の実態をより詳細に把握するために、消費者の意識や行動に関する研究も行われてきました。その中でも消費者庁の調査結果からは分からない、消費者が福島県産と明記された食品を他産地の食品と比べてどれくらい忌避するのか（マダラ、シラス、サンマ、コメ、モモ、牛肉の研究例から）、またどのような消費者が福島県産と明記された食品を忌避するのか（マダラ、シラス、ホウレンソウの研究例から）、という2点に絞ってこれまで明らかになってきたことを整理します。

まず、水産物の例では、Wakamatsu and Miyata[5]が、全国の消費者（2,378人）を対象とした2015年11月の調査結果から、福島県産マダラとシラスの消費者評価を分析しました。その結果、国産シラス151円/80 gに対して、福島県産シラスは－84円/80 g（－56％）の評価、国産マダラ152円/125 gに対して、福島県産マダラは－95円/125 g（－63％）の評価と推定されました。福島県産は両商品ともに他県産に比べてマイナスの評価を受け、またマダラのような底魚（海の底層に棲む魚）の方がシラスのように浮魚（海の表層に棲む魚）よりも忌避されることが明らかとなりました。

同時期に調査が行われた農産物の例では、茨城県産のコメ2,308円/5 kgに対して福島県産コメは－418円/5 kg（－18％）、茨城県産のモモ192円/個に対して福島県産モモは－28円/個（－15％）という評価でした[6]。福島県産の比較対象が国産ではなく茨城県産という点でマダラとシラスの研究と異なるため単純比較はできませんが、2015年時点での福島県産のマダラやシラスへの評価は、同時期の福島県産のコメやモモに比べ、より低い評価であった可能性があります。

Ito and Kuriyama[7] は、震災直後に関東および関西の消費者を対象とした調査を3回実施し（2011年6月、10月および2012年2月）、コメや牛肉、サンマといった様々な食品に対する消費者評価を分析しました。コメと牛肉では「汚染を回避するために支払ってもいい金額」（安全な食品購入のための追加金額）は関東と関西のどちらでも時間とともに軽減していく傾向を示したのに対し、サンマでは関東の消費者において軽減しなかったという結果を報告しています。このことは農産物に比べ水産物での風評被害が大きい（または継続している）可能性を示唆しています。

（2）風評被害に違いを生む消費者の属性

風評被害の原因として、産地と消費地の物理的隔絶による情報の非対称性を先に挙げました。この影響により福島県から遠い地域の消費者ほど風評被害による福島県産食品に対する忌避が強いことが予想されます。氏家[8] は、2011年3月末から2013年2月にかけて8度の消費者調査を行い、京浜地域と京阪神地域の消費者の、福島県産ホウレンソウに対する評価を、他県産（150円/把）と比べました。

この調査では、食品に含まれる放射性物質の量が基準値以下である場合と、不検出の場合の両方の消費者評価を調べています。なお「基準値」とは、食べ続けたときに、その食品に含まれる放射性物質から生涯に受ける影響が、十分に小さく安全なレベル（年間1 mSv以下）として厚生労働省が定めた値、「不検出」とは、含まれている放射性物質の量が分析機器の測定できる最小値（検出下限値）よりも低い値であるため検出されなかった状態を指します。震災発生時点の厚生労働省による基準値（野菜、穀類、肉・卵・魚等の暫定規制値）は500 Bq/kgでしたが、より一層の安全・安心を確保するため、2012年4月から新しい基準値（一般食品）100 Bq/kgが適用されています。

調査の結果、産地に関係なく基準値以下であっても放射性物質が検出されている場合には、消費者はリスクを感じて低い評価を与えました。また評価の大きさが京浜地域と京阪神地域でかなり近い範囲となっており、リスクへの評価が産地との距離によってそれほど大きく変わらないことが示されました。一方、放射性物質が不検出という条件を揃えた場合の他県産と比べた「福島県産」の評価は、福島県から距離の遠い京阪神地域の方が京浜地域よりも低い結果を示しました。また福島県産への評価は、京浜地域では時間経過に伴い改善する傾向を示しましたが、京阪神地域では調査期間内に明確な改善傾向は認められませんでした。したがって福島県から遠い地域では風評が減衰しにくい可能性が示されました。さらに同じ地域に住む消費者であっても、消費者の個人属性、例えば、年齢、性別、家族構成、食品消費への意識や態度により、福島県産食品への評価には違いがあることが明らかとなっています。

Miyata and Wakamatsu[3] は、消費者の属性と評価の関係を調べました。その結果、福島県産や宮城県産などに対し著しく低い評価を与え、購入する意思のない消費者（ボイコッター）が 27.5 % いることが示されました。残りの消費者は、購入する意思はあるもののマダラに対してはとても低い評価を与える消費者（全体の 41.0 %)、と福島県産に対して若干低い評価を与える消費者（全体の 31.5 %）に分けられました。底魚であるマダラへの低評価が消費者全体に均一に分布しているのではなく、一定の消費者層によって低く評価されることが分かりました。

各消費者グループが商品に対し、いくらならば払ってもよいと考えているか（Willingness To Pay: WTP）を分析した結果は表7-1の通りです。ボイコッターのグループは福島県の隣接県で生産された水産物に対しても強い忌避を表明しており、隣接県産への風評被害がこの消費者層において発生していることを示しています。ボイコッターのグループに属する消費者に見られる傾向として、女性、高所得の人（世帯）、検査機関への信頼が低い人、産地表示をよく確認する人、分析対象の水産物をあまり頻繁に食べない人、という特徴が見られました。

この研究では水産エコラベル（生態系や資源の持続性に配慮した方法で漁

表 7-1　各商品の消費者グループ別 WTP（円）

	ボイコッター	マダラ低評価消費者	その他の消費者
福島県産シラス	− 465	174	164
宮城県産シラス	− 371	219	182
福島県産マダラ	− 474	− 3	205
宮城県産マダラ	− 380	42	223

(Miyata and Wakamatsu[3] を基に筆者ら作成)

図 7-1　MEL ラベルのついた鯖水煮の缶詰

獲・生産された水産物に対して、消費者が選択的に購入できるよう商品にラベルを表示するスキームおよびそのラベル。Marine Stewardship Council による MSC 認証やマリン・エコラベル・ジャパン協議会による MEL（メル）認証（図 7-1）がある）の添付により福島県産水産物にどの程度の付加価値が生じるかも分析しました。その結果、ボイコッターの消費者層は水産エコラベル（MEL）に対しプラス評価を与えない一方、マダラ低評価消費者層では＋ 212 円、その他の消費者層では＋ 62 円の評価を与えるという結果が得られました（表 7-2）。つまり水産エコラベルの付いた福島県産水産物の評価は、ラベルのない他県産水産物を上回る評価を得られるという結果です。他の研究例でも環境意識や被災地への支援意識が高い消費者

表 7-2　水産エコラベル（MEL）が付いたときの各商品の消費者グループ別 WTP（円）

	ボイコッター	低評価消費者	その他の消費者
水産エコラベルによるプラス評価	0	212	62
水産エコラベル付き福島県産シラス	− 465	386	226
水産エコラベル付き福島県産マダラ	− 474	209	267

(Miyata and Wakamatsu [3] を基に筆者ら作成)

は、福島県産への購入意思が高いということが指摘されています[9]。したがって風評被害で低下した福島県産水産物への消費者評価を回復する手段として、水産エコラベルが有効であると考えられます。

7-3　流通段階の風評被害

福島県では東京電力福島第一原子力発電所（東電福島第一原発）事故により沿岸に棲む魚介類の放射性物質汚染が危惧されました。そこで一旦、操業を全面自粛し、その後一部の漁船による計画的な操業や漁獲物の検査、販売を実施してきました。この漁業操業を「試験操業」と呼んでいます。原発事故の直後、漁獲物は安全なのか、安全であったとして買ってもらえるのか、という不安があったため、試験操業という方法が考案されました。

試験操業によって生産量が抑制された結果、震災前、福島県産水産物は首都圏を中心に、東北地方から大阪まで流通していましたが、東電福島第一原発事故以降、中部・関西方面に流通しにくくなりました。また現在の流通先においても取引の拒否や低い価格で取引されることが問題視されています[10]。そこで流通段階の風評被害の実態を解明し、何らかの対策をとることが求められています。

水産機構では、平成 29 年度から令和 2 年度にかけて産地の漁業者や流通業者、消費地の流通業者等を対象として福島県産水産物の流通調査を実施しました。平成 29 年度に福島県内の仲卸・加工業者 25 社、全国 22 ヶ所の消費地市場 / 中央卸売市場、小売業者 10 社を対象として実施し、その後各年度で数社の追加調査（同じ調査対象に対して追加的な内容を聞き取る調査も含む）を実施しました。

本節では、まず (1) 流通段階の風評被害がどこで起こっているのかを明らかにし、(2) 販路回復における課題をあぶり出します。続いて、経財産業省や農林水産省の調査に基づき、試験操業や風評被害の長期化がもたらした (3) 流通の固定化の問題について知見を整理します。

（1）不均一に存在する風評被害の実態

調査の結果、福島県内では、給食を除いてどの業態にも風評被害がほとんどないが、給食関係は福島県内外で風評被害があるという回答がありました。

福島県産水産物の主要流通先である首都圏においては、大手スーパーマーケットでは風評被害が大きく、中小のスーパーマーケットでは風評被害が小さいという回答でした。すなわち後者の販路回復の可能性が示唆されました。そして大手スーパーマーケットが福島県産水産物の取り扱いを始めれば販路は回復するといった意見が多くありました（他のスーパーマーケットが追随する）。なお現在、水産庁による支援の下、福島県・イオンリテール株式会社・福島県漁業協同組合連合会が共同で「福島鮮魚便」という販売促進の取り組みをしています（図 7-2)。「福島鮮魚便」は、福島県産水産物を産地からスーパーに直送し、常設で販売する取り組みです。売場では販売スタッフが、その日販売している鮮魚について説明を交えた販売を実施し、福島県産水産物の安全・安心と美味しさを伝えています。この「福島鮮魚便」の売り上げが継続・拡大しており、多くの消費者に福島県産水産物が一般の売場に戻ったことを認識させ、またそれが継続することで通常の商品となり、風評被害の緩和に貢献していると推察されました。また外食業や鮮魚店、県別で産地表示されることが少ない加工原料（国産の産地表示など）は風評被害が比較的小さいという回答があり、これらの販路において回復の可能性が示唆されました。

図 7-2　福島鮮魚便ロゴマーク
「常磐もの」マークでアピールしている。

以上のように、風評被害は流通段階においても不均一に分布しており、風評被害の小さい流通先も存在することが明らかとなりました。したがって販路を回復させるには、風評被害の低い小売や外食業者の販路開拓を積極的に行いつつ、福島県産水産物を差別なく購入してくれる業者への選択的出荷が有効と考えられます。また、「福島鮮魚便」のさらなる売場拡大も風評被害緩和には有効であると考えられます。

（2）販路回復における課題

産地仲卸売業者からの聞き取り調査結果によると、福島県産主要水産物、主に底びき網漁業や刺網漁業によって漁獲される福島県産魚介類は、産地市場(卸売業者)、産地仲卸売業者、消費地卸売市場（卸売業者)、消費地仲卸売業者の順序で流れるという、震災前と同じ一般的な流通形態での販売が現状でも続けられており、選択的出荷が増えていませんでした。

選択的出荷が増えない要因には、試験操業を継続している福島県沿岸の漁獲量（沿岸漁業および沖合底びき網漁業による漁獲量）が 2019 年時点でも震災前の２割に達していないことなどがあります（福島県漁業の漁獲量の状況については後述します)。この出荷量以外の理由も含めて、聞き取り調査内容を分析した結果によると以下の要因がありました。

① 産地における水産物生産量の減少によって福島県産水産物を運ぶ輸送業者が減少しました。また複数消費地向けの運送もトラック１台分の荷が集まらないため仕立てることが難しくなりました。そのため、大都市への流通は産地―首都圏の直送による流通経路のみとなり、豊洲市場への荷の集中度合いが高まりました。他の消費地に流通させる場合には、豊洲市場から仕分けされて目的地に向け輸送されるため、上場日が１日遅れたうえに送料が上乗せされて価格が高くなるので、販売が困難となります。以上の結果、流通経路が限定されました。

② 震災前、福島県は首都圏にとって比較的近く、供給量の多い鮮魚・活魚産地でした。川下側（産地から小売りへの商品の流れのうちの小売側）はロスを最小にしたいため当用買い（今必要な分だけ買う）を選好します。そのため、福島県は川下側からすると「ほしいときに必要量供給できる」便の良い産地市場でした。しかし試験操業では水揚時間が午前 11 時頃(震

災前は午前7時）とされており情報流通が他産地より遅れること（消費地の需要者が既に他産地に注文した後の情報提供）、また操業が週2日（8回/月）で、首都圏の実需者（小売や外食等の業者）が求める荷を毎日有していないことから、当用買いニーズに対応できず、首都圏における三陸地域（あるいは北海道）との差別化要素を失いました。

図7-3　相馬原釜市場（2019年10月30日）

③　消費地市場では、どこの産地からどの程度入荷するかを前日に把握します。その量が既に需要量を満たしている場合、他産地よりセリ時間が遅い福島県の仲卸売業者は値崩れも覚悟で上場することもできますが（実質の購入者がいない）、実際はそのようなことはできず条件を下げて他の消費市場を探すことになります。このようにして販路（流通先）が限定されることとなりました。

以上のように、試験操業体制では供給量の不足、遅い水揚時間、少ない水揚日という状況のため、販路回復の施策を取るのも難しい状態にあったと考えられます。しかしながら福島県漁業は2021年3月に試験操業を終了し、本格操業へ向けた移行期間になりました。上記の試験操業体制の問題がなくなるため、改めて販路回復の施策が求められると考えられます。

（3）流通の固定化の問題

福島県産水産物の流通における問題として「流通の固定化」が指摘されています[11]。これは東電福島第一原発事故直後に出荷制限や営農・操業の自粛により流通が行われない状況が継続したことや、福島県産品を避ける消費市場での対応が常態化することにより他県産品への代替が進むなど、流通構造が変化し、販路が回復しない状態を指します。福島県漁業は東電福島第一原発事故以降、操業自粛を継続したため、福島県産水産物の供給量は一時的には皆無となり、その後もごく少量に限られました。その間に従来の福島県産水産物の取引先は他県産に代替され、簡単には取り返すことができない状態になりました。

その原因の１つとして、納入業者（卸売業者や仲卸業者）が納入先（加工業者、小売業者や外食業者）の福島県産品取り扱い姿勢を、納入先の自己評価に比べてネガティブに評価することにより、福島県産が流通されにくくなる状況が存在することが指摘されています[12)]。例えば、納入先の小売業者は「震災直後は扱えなかったが今は問題ない」と考えているのにもかかわらず、納入業者である卸売業者が「震災後に福島県産品の取り扱いをやめたから今も取り扱いに後ろ向きだろう」と考えるケースや、納入先の外食業者が「国産で揃うなら産地はどこでも構わない」と考えているのにもかかわらず納入業者である仲卸業者が「福島県産品を望まないかもしれないから、念のため他県産品を納入しておこう」と考えるケースです。このような納入先業者と納入業者間の認識の齟齬が、福島県産品を避ける対応の常態化による流通の固定化を生む要因の１つになっていると考えられます。

固定化した流通を変えるには新たな差別化要素が必要となります。現状の福島県産鮮魚の品質レベルであれば、目に見える新たな差別化要素はほぼないため、そのような鮮魚を販売促進するためには割引をするとか、何かおまけ（増量など）を付けるなどの対策が固定化した流通を緩和する手段として有効であると思われます。ただし、販売促進の需要増大に見合った安定的な供給量が必要となることから、供給量に応じた販売促進の頻度や強弱に十分な注意が必要となります[13)]。

7-4　福島県漁業の復興状況と今後の課題

最後に、福島県漁業の復興の状況を踏まえ、今後の課題を検討します。

操業自粛や試験操業により減少した福島県の漁獲量はその後どの程度回復したのでしょうか。2019年の福島県全体の漁獲量は69,415 tで、震災前（2010年）の87.9 %でした[14)]。ただし、2019年の漁獲量のうちの61,629 tが、まき網漁業という沖合で行われる大規模な漁業です。まき網漁業では沖合に棲む回遊性の魚類を主に漁獲しており、放射性物質による漁獲物の汚染はあまり心配されませんでした。そのため、まき網漁業等沖合・遠洋で操業する漁業は、操業自粛や試験操業の対象外となり、漁獲量は震災前の水準に近づいています。一方、操業自粛や試験操業の対象となっているのは、福島県の沿岸漁業と沿岸近くで行われる底びき網漁業です。これらの漁業の2020年の漁獲量は4,519 t、震災前（2010年）の約17.7 %でした[15)]。つまり、福島県沿岸で行われ試験操業の対象となっている漁業に注目すると、漁獲量はいまだ回復していないと言えます。

福島県沿岸で行われる漁業による漁獲量の回復程度を、被災地の他県と比較します。図7-4は岩手県、宮城県および福島県の沿岸で行われる漁業の漁獲量が2019年の段階でどの程度回復したかを、2010年漁獲量を100として示したものです。岩手県や宮城県では2019年の時点で震災前の約70～90 %まで漁獲量が回復しています。つまり、福島県の沿岸で行われる漁業では、他の被災県と違って漁獲量がほとんど回復しておらず、復興が進んでいないということを示しています。

次に陸側の関連産業である水産加工業の状況です。生産能力が8割以上回復したと回答した業者は岩手県79 %、宮城県71 %、福島県41 %でした[16)]。また売上が8割以上回復した業者は岩手県51 %、宮城県57 %、福島県21 %でした。水産加工業者の売上が戻っていない理由について、福島県での最も多い回答は「原材料の不足」と「風評被害」の2つでした。水産加工業においても、生産能力・売上ともに福島県は他被災県に比べて復興が遅れており、その原因は本格的な操業の遅れと風評被害でした。

以上のように福島県漁業および水産加工業は他の被災県と比べて復興が遅れた状況にあります。この根底にある課題はやはり「風評被害」と言えるでしょう。特に水産物に関しては、農産物よりも消費者レベルの風評被害が残っている可能性があります。また現在、多核種除去設備等処理水（ALPS 処理水）の海洋放出が現実的に議論されています。処理水の海洋放出や関連した報道は風評被害の継続や悪化につながる恐れがあります。そのため福島県産水産物の風評被害の対策は今後も重要な課題です。

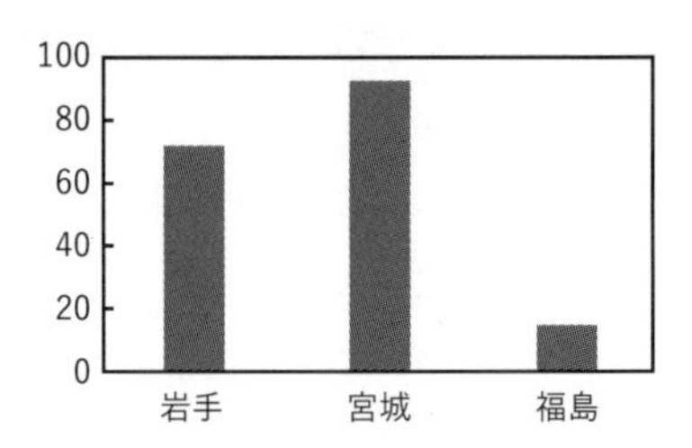

図 7-4　沿岸で行われる漁業の漁獲量の復興状況（2010 年漁獲量を 100 % とした 2019 年の漁獲量）

集計対象の漁業は沖合底びき網、小型底びき網、船びき網、その他刺し網、定置網、その他の網漁業、沿岸マグロはえ縄、その他のはえ縄、沿岸カツオ一本釣、沿岸イカ釣、ひき縄釣、その他の釣、その他。（資料：農林水産省[14]）

消費者研究から福島県産に対する忌避が小さい消費者層の存在が明らかとなっています。福島県内や近隣の消費地への流通や、男性や環境意識の高い人、被災地を応援する意識の高い人などをターゲットとした販売、検査体制への信頼度の向上などが対策として有効と言えます。また水産エコラベルの取得は、風評被害による消費者評価の低下を補う高付加価値化の効果があることも示唆されています。福島県漁業の操業自粛により資源状態が良好な魚種も存在することから、こうした魚種でのエコラベルの取得も有効な方策として期待されます。

流通段階では、風評被害の小さい流通先（中小規模のスーパーマーケットや鮮魚店、外食業）や風評被害の少ない商品形態（加工品）が明らかとなりました。こうした販路や商品形態に重点を置いた出荷戦略、すなわち選択的出荷が有効と考えられます。選択的出荷を拡充するためには、本格操業の再開を通して、生産量の増加、出荷頻度の上昇、産地のセリ時刻の適正化等により、流通の効率化や情報流通の改善を図る必要があります。また、販路を開拓するに当たって、納入先が本当に福島県産を忌避しているのかどうかの確認を進める取り組みが農林水産省の福島県産農産物等流通実態調査委託事業の中で提案されています[12]。したがって、「納入先が忌避しているだろう」という憶測ではなく、実際に確認をすることで、選択的出荷が可能な販売先を開拓していくことが有効と考えられます。

また販路回復において留意すべき点もあります。外食での風評被害が小さく、この業態への流通量はそれなりにありましたが、コロナ禍により需要が激減しています。また報道されている通り、他産地でもコロナ禍の影響を受けて、水産物流通が滞る問題が起こっています（例えば、水産経済新聞 2020 年 6 月 26 日号 1 面「養ブリ、タイ在池量増　自民党養殖懇話会　全海水が窮状訴え」）。つまり、現状では多くの水産物が供給過多な状況になっています。このことから、もし福島県産魚介類をこれまで以上に上場するならば、人気のある産地から魚介類は売れ、福島県産魚介類にはさらなる価格低下や、出荷先を見つけられなくなるという状況が予想されます。

産地においては、流通業者は雇用も設備も最低限にして営業しているところが多く、経営者は非常に忙しい状況下にあるという意見が流通調査の際にありました。つまり急激に漁獲量が増えた場合、物流の設備や労働力の確保や販路開拓が追いつかない可能性があります。したがって漁業者と加工・流通業者が協調し、販売促進による需要増大に応じて、段階的に操業日数や水揚量を増加していくことが必要と考えられます。

おわりに

本書の制作は、東日本大震災から10年という節目で出版することを目指して取り組みました。各章に記したように、この10年の間に我々が調査研究を行ってきた魚や環境の放射能汚染の状況には大幅な改善が見られています。また、最近では、水産エコラベルの認証を受けた福島県産のヒラメがスーパーの鮮魚コーナーに並んでいるのを見かけるようになり、多くの方々の様々な努力による震災からの復興の歩みを目の当たりにすることも増えてきました。

しかしながら編者として実際の作業に取りかかったこの2年は、奇しくも新型コロナウイルス感染症の拡大によって社会が大きく変化した時期と重なるものでした。我々研究者も例外なく“コロナ”を中心とした生活、仕事のスタイルへの変更を余儀なくされ、思うように物事が進まないこともありました。いわゆるwithコロナの生活を続ける中では、人間が作り出したシステムの光と影をまざまざと見せつけられました。人がみずからの手によって環境を改変してきたことに対して、人間ができることの限界とともに自然の偉大さを改めて思い知らされました。この世の中にある色々な問題を本書の主題である放射能汚染と単純に並べて語ることはもちろんできませんが、我々の生命、財産が脅かされるような局面においては、何事も起きている現象を正確に捉え、その推移をモニタリングし、それに基づいた対策を立てて行動しなければそれらを乗り越えらないことは言うまでもありません。

10年という歳月を経て、そのときに生まれた子供は10歳となり、10歳であった人は20歳になり、という形でそれぞれの経験とともに歳を重ね、50代であった人は還暦を過ぎて定年を迎えています。巻頭にも記したように本書は次代を担う大学生や大学院生に読んでいただくことを念頭に作ったものですが、本書を手に取られてこの「おわりに」を読んでいただいている皆さまには、それぞれの立場でこれまでのこと、これからのことを考えるきっかけとしていただければ、編者としてはこれ以上の喜びはありません。

おわりに

最後に、出版の機会を与えていただきました成山堂書店の皆さまに著者ならびに編者一同、深く感謝したします。そして本書をきっかけに少しでも現状の理解が進み、これまで多くの人々によって続けられてきた復興のための努力とともに、今後もふくしまの水産業のための研究やモニタリングが同様に続けられることを切に願います。

2023年3月

編　者

参 考 文 献

第1章　東京電力福島第一原子力発電所事故と水産業の 10 年

1）水産研究・教育機構 日本大震災関連情報. https://www.fra.affrc.go.jp/tohokueq/index.html （2023年2月6日アクセス）
2）水産研究・教育機構 水産研究・教育機構の放射能対応. https://www.fra.affrc.go.jp/eq/Nuclear_accident_effects/index.html （2023年2月6日アクセス）
3）Nakata K, Sugisaki H eds. (2015) Impacts of the Fukushima nuclear accident on fish and fishing grounds. Springer, 238.
4）国立研究開発法人水産総合研究センター編 (2016) 福島第一原発事故による海と魚の放射能汚染 . 成山堂書店 , 東京 , 144.

コラム 2　食品としての水産物の放射性物質検査状況

1）水産庁 (2022) 水産物の放射性物質調査の結果について～ 11月9日更新～. https://www.jfa.maff.go.jp/j/housyanou/kekka.html （2022年11月15日アクセス）
2）農林水産省 (2022) 東京電力福島第一原子力発電所事故に伴う諸外国・地域の輸入規制への対応. https://www.maff.go.jp/j/export/e_info/hukushima_kakukokukensa.html （2022年11月15日アクセス）
3）福島県 (2022) 福島県の水産物の緊急時モニタリング検査結果について. 5内水面の採捕・出荷制限等の措置一覧. https://www.pref.fukushima.lg.jp/site/portal/ps-suisanka-monita-top.html （2022年11月15日アクセス）

コラム 3　震災からの復興を目指した新たな水産関連施設の竣工

1）水産庁 (2022) 東日本大震災からの水産業復興へ向けた現状と課題. https://www.jfa.maff.go.jp/j/yosan/23/attach/pdf/kongo_no_taisaku-1.pdf （2022年11月9日アクセス）
2）水産庁 (2021) 水産加工業者における東日本大震災からの復興状況アンケート（第8回）の結果について. https://www.jfa.maff.go.jp/j/press/kakou/210407.html （2022年10月25日アクセス）
3）水産庁 (2020) 水産白書　第1部令和元年度水産の動向第6章東日本大震災からの復興（1）水産業における復旧・復興の状況 . https://www.jfa.maff.go.jp/j/kikaku/wpaper/r01_h/trend/1/t1_6_1.html （2022年11月9日アクセス）

第2章　事故後に海洋で起きたこと　—事故直後変動期—

1）Tsuruta H, Oura Y, Ebihara M, Ohara T, Nakajima T (2014) First retrieval of hourly atmospheric radionuclides just after the Fukushima accident by analyzing filter-tapes of operational air pollution monitoring stations. *Sci. Rep.*, **4**, 6717.

2) Onda Y, Taniguchi K, Yoshimura K, Kato H, Takahashi J, Wakiyama Y, Coppin F, Smith H (2020) Radionuclides from the Fukushima Daiichi Nuclear Power Plant in terrestrial systems. *Nat. Rev. Earth Environ.*, **1**, 644-660.
3) Steinhauser G, Brandl A, Johnson TE (2014) Comparison of the Chernobyl and Fukushima nuclear accidents: A review of the environmental impacts. *Sci. Total Environ.*, **470-471**, 800-817.
4) Buesseler K, Dai M, Aoyama M, Benitez-Nelson C, Charmasson S, Higley K, Maderich V, Masqué P, Morris PJ, Oughton D, Smith JN (2017) Fukushima Daiichi-derived radionuclides in the ocean: transport, fate, and impacts. *Annu. Rev. Mar. Sci.*, **9**, 173-203.
5) Katata G, Chino M, Kobayashi T, Terada H, Ota M, Nagai H, Kajino M, Draxler R, Hort MC, Malo A, Torii T, Sanada Y (2015) Detailed source term estimation of the atmospheric release for the Fukushima Daiichi Nuclear Power Station accident by coupling simulations of an atmospheric dispersion model with an improved deposition scheme and oceanic dispersion model. *Atmos. Chem. Phys.*, **15**, 1029-1070.
6) Saito K, Tanihata I, Fujiwara M, Saito T, Shimoura S, Otsuka T, Onda Y, Hoshi M, Ikeuchi Y, Takahashi F, Kinouchi N, Saegusa J, Seki A, Takemiya H, Shibata T (2015) Detailed deposition density maps constructed by large-scale soil sampling for gamma-ray emitting radioactive nuclides from the Fukushima Dai-ichi Nuclear Power Plant accident. *J. Environ. Radioact.*, **139**, 308-319.
7) Aoyama M, Kajino M, Tanaka TY, Sekiyama TT, Tsumune D, Tsubono T, Hamajima Y, Inomata Y, Gamo T (2016) ^{134}Cs and ^{137}Cs in the North Pacific Ocean derived from the March 2011 TEPCO Fukushima Dai-ichi Nuclear Pawer Plant accident, Japan. Part Two: estimation of ^{134}Cs and ^{137}Cs inventories in the North Pacific Ocean. *J. Oceanogr.*, **72**, 67-76.
8) Tsumune D, Tsubono T, Aoyama M, Hirose K (2012) Distribution of oceanic ^{137}Cs from the Fukushima Dai-ichi Nuclear Power Plant simulated numerically by a regional ocean model. *J. Environ. Radioact.*, **111**, 100-108.
9) Aoyama M, Tsumune D, Inomata Y, Tateda Y (2020) Mass balance and latest fluxes of radiocesium derived the Fukushima accident in the western North Pacific Ocean and coastal regions of Japan. *J. Environ. Radioact.*, **217**, 106206.
10) UNSCEAR (2010) Sources and effects of ionizing radiation. UNSCEAR 2008 report to the general assembly with Scientific Annexes volume 1, United Nations, New York, 683.
11) Buesseler KO (2014) Fukushima and ocean radioactivity. *Oceanography*, **27**, 92-105.
12) Buesseler KO, Aoyama M, Fukasawa M (2011) Impacts of the Fukushima Nuclear Power Plants on marine radioactivity. *Environ. Sci. Technol.*, **45**, 9931-9935.
13) Aoyama M, Uematsu M, Tsumune D, Hamajima Y (2013) Surface pathway of radioactive plume of TEPCO Fukushima NPP1 released ^{134}Cs and ^{137}Cs. *Biogeosci.*, **10**, 3067-3078.
14) Kaeriyama H, Ambe D, Shimizu Y, Fujimoto K, Ono T, Yonezaki S, Kato Y, Matsunaga H, Minami H, Nakatsuka S, Watanabe T (2013) Direct observation of ^{134}Cs and ^{137}Cs in surface seawater in the western and central North Pacific after the

Fukushima Dai-ichi nuclear power plant accident. *Biogeosci.*, **10**, 4287-4295.

15) Oikawa S, Takata H, Watabe T, Misonoo J, Kusakabe M (2013) Distribution of the Fukushima-derived radionuclides in seawater in the Pacific off the coast of Miyagi, Fukushima, and Ibaraki Prefectures, Japan. *Biogeosci.*, **10**, 5031-5047.

16) 帰山秀樹・安倍大介・重信裕弥・藤本賢・小埜恒夫・中田薫・森田貴己・渡邊朝生 (2014) 東京電力福島第一原子力発電所事故以降の日本周辺海域における海水の ^{134}Cs および ^{137}Cs 濃度 . *海の研究* , **23**, 127-146.

17) Smith JN, Brown RM, Williams WJ, Robert M, Nelson R, Moran S (2015) Fukushima radioactivity transport to North America. *Proc. Natl. Acad. Sci.*, **112**, 1310-1315.

18) Hanawa K, Talley LD (2001) Chapter 5.4 Mode Waters. Ocean circulation and climate - observing and modeling the global ocean. (Siedler G, Chrch J, Gould J eds.) Academic Press, San Diego, 373-386.

19) Suga T, Motoki K, Aoki Y, Macdonald AM (2004) The North Pacific climatology of winter mixed layer and mode waters. *J. Phys. Oceanogr.*, **34**, 3-22.

20) Oka E, Kouketsu S, Toyama K, Uehara K, Kobayashi T, Hosoda S, Suga T (2011) Formation and subduction of central mode water based on profiling float data, 2003-08. *J. Phys. Oceanogr.*, **41**, 113-129.

21) Kaeriyama H, Shimizu Y, Ambe D, Masujima M, Shigenobu Y, Fujimoto K, Ono T, Nishiuchi K, Taneda T, Kurogi H, Setou T, Sugisaki H, Ichikawa T, Hidaka K, Hiroe Y, Kusaka A, Kodama T, Kuriyama M, Morita H, Nakata K, Morinaga K, Morita T, Watanabe T (2014) Southwest intrusion of ^{134}Cs and ^{137}Cs derived from the Fukushima Dai-ichi nuclear power plant accident in the Western North Pacific. *Environ. Sci. Technol.*, **48**, 3120-3127.

22) Kumamoto Y, Aoyama M, Hamajima Y, Aono T, Kouketsu S, Murata A, Kawano T (2014) Southward spreading of the Fukushima-derived radiocesium across the Kuroshio Extension in the North Pacific. *Sci. Rep.*, **4**, 4276.

23) Aoyama M, Hamajima Y, Hult M, Uematsu M, Oka E, Tsumune D, Kumamoto Y (2016b) ^{134}Cs and ^{137}Cs in the North Pacific Ocean derived from the March 2011 TEPCO Fukushima Dai-ichi Nuclear Power Plant accident, Japan. Part one: surface pathway and vertical distributions. *J. Oceanogr.*, **72**, 53-65.

24) Kaeriyama H, Shimizu Y, Setou T, Kumamoto Y, Okazaki Y, Ambe D, Ono T (2016) Intrusion of Fukushima-derived radiocaesium into subsurface water due to formation of mode waters in the North Pacific. *Sci. Rep.*, **6**, 22010.

25) Inomata Y, Aoyama M, Hamajima Y, Yamada M (2018) Transport of FNPP1-derived radiocaesium from subtropical mode water in the western North Pacific Ocean to the Sea of Japan. *Ocean Sci.*, **14**, 813-826.

26) Kaeriyama H, Fujimoto K, Ambe D, Shigenobu Y, Ono T, Tadokoro K, Okazaki Y, Kakehi S, Ito S, Narimatsu Y, Nakata K, Morita T, Watanabe T (2015) Fukushima-derived radionuclides ^{134}Cs and ^{137}Cs in zooplankton and seawater samples collected off the Joban-Sarinku coast, in Sendai Bay, and in the Oyashio region. *Fish. Sci.*, **81**, 139-153.

27) Kaeriyama H (2017) Oceanic dispersion of Fukushima-derived radioactive cesium: a

review. *Fish. Oceanogr.*, **26**, 99-113.

28) Aoyama M, Tsumune D, Uematsu M, Kondo F, Hamajima Y (2012) Temporal variation of ^{134}Cs and ^{137}Cs activities in surface water at stations along the coastline near the Fukushima Dai-ichi Nuclear Power Plant accident site, Japan. *Geochem. J.*, **46**, 321-325.

29) Kaeriyama H (2015) Chapter 2 ^{134}Cs and ^{137}Cs in the seawater around Japan and in the North Pacific. Impacts of the Fukushima nuclear accident on fish and fishing grounds. (Nakata K, Sugisaki H eds.) Springer, 11-32.

30) Kanda J (2013) Continuing ^{137}Cs release to the sea from the Fukushima Dai-ichi Nuclear Power Plant through 2012. *Biogeosci.*, **10**, 3107-6113.

31) Nagao S, Kanamori M, Ochiai S, Tomihara S, Fukushi K, Yamamoto M (2013) Export of ^{134}Cs and ^{137}Cs in the Fukushima river systems at heavy rains by Typhoon Roke in September 2011. *Biogeosci.*, **10**, 6215-6223.

32) Kusakabe M, Oikawa S, Takata H, Misonoo J (2013) Spatiotemporal distributions of Fukushima-derived radionuclides in nearby marine surface sediments *Biogeosci.*, **10**, 5019-5030.

33) Ambe D, Kaeriyama H, Shigenobu Y, Fujimoto K, Ono T, Sawada H, Saito H, Miki S, Setou T, Morita T, Watanabe T (2014) Five-minute resolved spatial distribution of radiocesium in sea sediment derived from the Fukushima Dai-ichi Nuclear Power Plant. *J. Environ. Radioact.*, **138**, 264-275.

34) Otosaka S, Kato Y (2014) Radiocesium derived from the Fukushima Daiichi Nuclear Power Plant accident in seabed sediments: initial deposition and inventories. *Environ. Sci. Processes Impacts*, **16**, 978-990.

35) Black EE, Buesseler KO (2014) Spatial variability and the fate of cesium in coastal sediments near Fukushima, Japan. *Biogeosci.*, **11**, 5123-5137.

36) Otosaka S (2017) Process affecting long-term changes in ^{137}Cs concentration in surface sediments off Fukushima. *J. Oceanogr.*, **73**, 559-570.

37) Kusakabe M, Inatomi N, Takata H, Ikenoue T (2017) Decline in radiocesium in seafloor sediments off Fukushima and nearby prefectures. *J. Oceanogr.*, **73**, 529-545.

38) Tsuruta T, Harada H, Misonou T, Matsuoka T, Hodotsuka Y (2017) Horizontal and vertical distributions of ^{137}Cs in seabed sediments around the river mouth near Fukushima Daiichi Nuclear Power Plant. *J. Oceanogr.*, **73**, 547-558.

39) Ono T, Ambe D, Kaeriyama H, Shigenobu Y, Fujimoto K, Sogame K, Nishiura N, Fujikawa T, Morita T, Watanabe T (2015) Concentration of $^{134}Cs+^{137}Cs$ bonded to the organic fraction of sediments offshore Fukushima, Japan. *Geochem. J.*, **49**, 219-227.

40) Otosaka S, Kobayashi T (2013) Sedimentation and remobilization of radiocesium in the coastal area of Ibaraki, 70 km south of the Fukushima Dai-ichi Nuclear Power Plant. *Environ. Monit. Assess.*, **185**, 5419-5433.

41) Otosaka S, Kambayashi S, Fukuda M, Tsuruta T, Misonou T, Suzuki T, Aono T (2020) Behavior of radiocesium in sediments in Fukushima coastal waters: Verification of desorption potential through pore water. *Environ. Sci. Technol.*, **54**, 13778-13785.

42）Honda MC, Kawakami H, Watanabe S, Saino T (2013) Concentration and vertical flux of Fukushima-derived radiocesium in sinking particles from two sites in the northwestern Pacific Ocean. *Biogeosci.*, **10**, 3525-3534.
43）Kaeriyama H, Fujimoto K, Inoue M, Minakawa M (2020) Radiocesium in Japan Sea associated with sinking particles from Fukushima Dai-ichi Nuclear Power Plant accident. *J. Environ. Radioact.*, **222**, 106348.
44）Honda M, Aono T, Aoyama M, Hamajima Y, Kawakami H, Kitamura M, Masumoto Y, Miyazawa Y, Takigawa M, Saino T (2012) Dispersion of artificial caeium-134 and -137 in the western North Pacific one month after the Fukushima accident. *Geochem. J.*, **46**, e1-e9.
45）Otosaka S, Nakanishi T, Suzuki T, Satoh Y, Narita H (2014) Vertical and lateral transport of particulate radiocesium off Fukushima. *Environ. Sci. Technol.*, **48**, 12595-12602.
46）Buesseler KO, German CR, Honda MC, Otosaka S, Black EE, Kawakami H, Manganini SJ, Pike SM (2015) Tracking the fate of particle associated Fukushima Daiichi cesium in the ocean off Japan. *Environ. Sci. Technol.*, **49**, 9807-9816.
47）Yagi H, Sugimatsu K, Kawamata S, Nakayama A, Udagawa T (2015) Chapter 6 Bottom turbidity, boundary layer dynamics, and associated transport of suspended particulate materials off the Fukushima coast. Impacts of the Fukushima nuclear accident on fish and fishing grounds. (Nakata K, Sugisaki H eds.) Springer, 77-89.
48）水産庁 (2017) 水産物の放射性物質の検査に係る報告書（平成 23 年 3 月～平成 28 年 3 月）. https://www.jfa.maff.go.jp/j/housyanou/attach/pdf/kekka-240.pdf （2022 年 10 月 3 日アクセス）
49）水産庁 (2022) 水産物の放射性物質調査の結果について． https://www.jfa.maff.go.jp/j/housyanou/kekka.html （2022 年 10 月 3 日アクセス）
50）Wada T, Nemoto Y, Shimamura S, Fujita T, Mizuno T, Sohtome T, Kamiyama K, Morita T, Igarashi S (2013) Effects of the nuclear disaster on marine products in Fukushima. *J. Environ. Radioact.*, **124**, 246-254.
51）福島県 (2022) 魚介類の放射線モニタリング検査に関する結果をお知らせします。https://www.pref.fukushima.lg.jp/site/portal/monitoring.html （2022 年 10 月 3 日アクセス）
52）Takata H, Kusakabe M, Oikawa S (2015) Radiocesiums (^{134}Cs, ^{137}Cs) in zooplankton in the waters of Miyagi, Fukushima and Ibaraki Prefectures. *J. Radioanal. Nucl. Chem.*, **303**, 1265-1271.
53）Sohtome T, Wada T, Mizuno T, Nemoto Y, Igarashi S, NIshimune A, Aono T, Ito Y, Kanda J, Ishimaru T (2014) Radiological impact of TEPCO's Fukushima Dai-ichi Nuclear Power Plant accident on invertebrates in the coastal benthic food web. *J. Environ. Radioact.*, **138**, 106-115.
54）Kawai H, Kitamura A, Mimura M, Mimura T, Tahara T, Aida D, Sato K, Sasaki H (2014) Radioactive cesium accumulation in seaweeds by the Fukushima 1 Nuclear Power Plant accident–two years' monitoring at Iwaki and its vicinity. *J. Plant Res.*, **127**, 23-42.
55）Shigeoka Y, Myose H, Akiyama S, Matsumoto A, Hirakawa N, Ohashi H, Higuchi K, Arakawa H (2019) Temporal variation of radionuclide contamination of marine plants on

the Fukushima coast after the East Japan Nuclear Disaster. *Environ. Sci. Technol.*, **53**, 9370-9377.

56) Iwata K, Tagami K, Uchida S (2013) Ecological half-lives of radiocesium in 16 species in marine biota after the TEPCO's Fukushima Daiichi Nuclear Power Plant accident. *Environ. Sci. Technol.*, **47**, 7696-7703.

57) Kurita Y, Shigenobu Y, Sakuma T, Ito S (2015) Chapter 11 Radiocesium contamination histories of Japanese Flounder (*Paralichthys olivaceus*) after the 2011 Fukushima Nuclear Power Plant accident. Impacts of the Fukushima nuclear accident on fish and fishing grounds. (Nakata K, Sugisaki H eds.) Springer, 139-151.

58) Narimatsu Y, Sohtome T, Yamada M, Shigenobu Y, Kurita Y, Hattori T, Inagawa R. (2015) Chapter 10 Why do the radionuclide concentrations of Pacific Cod depend on the body size? Impacts of the Fukushima nuclear accident on fish and fishing grounds. (Nakata K, Sugisaki H eds.) Springer, 123-137.

59) Ishimaru T, Tateda Y, Tsumune D, Aoyama M, Hamajima Y, Kasamatsu N, Yamada M, Yoshimura T, Mizuno T, Kanda J (2019) Mechanisms of radiocesium depuration in *Sebastes cheni* derived by simulation analysis of measured ^{137}Cs concentrations off southern Fukushima 2014-2016. *J. Environ. Radioact.*, **203**, 200-209.

60) 国立研究開発法人水産総合研究センター編 (2016) 福島第一原発事故による海と魚の放射能汚染 . 成山堂書店 , 東京 ,144.

61) Fujimoto K, Miki S, Kaeriyama H, Shigenobu Y, Takagi K, Ambe D, Ono T, Watanabe T, Morinaga K, Nakata K, Morita T (2015) Use of otolith for detecting strontium-90 in fish from the harbor of Fukushima Dai-ichi Nuclear Power Plant. *Environ. Sci. Technol.*, **49**, 7294-7301.

62) Shigenobu Y, Ambe D, Ono T, Fujimoto K, Morita T, Ichikawa T, Watanabe T (2017) Radiocesium contamination of aquatic organisms in the estuary of the Abukuma River flowing through Fukushima. *Fish. Oeanogr.*, **10**, 208-220.

63) Shigenobu Y, Fujimoto K, Ambe D, Kaeriyama H, Ono T, Morinaga K, Nakata K, Morita T, Watanabe T (2014) Radiocesium contamination of greenlings (*Hexagrammos otakii*) off the coast of Fukushima. *Sci. Rep.*, **4**, 6851.

コラム 4　10 年間の海水の放射性セシウム濃度の変化（拡散期〜安定期）

1) Kaeriyama H, Fujimoto K, Ambe D, Shigenobu Y, Ono T, Tadokoro K, Okazaki Y, Kakehi S, Ito S, Narimatsu Y, Nakata K, Morita T, Watanabe T (2015) Fukushima-derived radionuclides ^{134}Cs and ^{137}Cs in zooplankton and seawater samples collected off the Joban-Sarinku coast, in Sendai Bay, and in the Oyashio region. *Fish. Sci.*, **81**, 139-153.

2) Kaeriyama H (2017) Oceanic dispersion of Fukushima-derived radioactive cesium: a review. *Fish. Oceanogr.*, **26**, 99-113.

3) 水産研究・教育機構 (2021) 令和 2 年度海洋生態系の放射性物質挙動調査事業報告書 . http://www.fra.affrc.go.jp/eq/Nuclear_accident_effects/final_report2020.pdf （2022 年 1 月 20 日アクセス）

4）Kanda J (2013) Continuing ^{137}Cs release to the sea from the Fukushima Dai-ichi Nuclear Power Plant through 2012. *Biogeosci.*, **10**, 3107-6113.
5）Machida M, Yamada S, Iwata A, Otosaka S, Kobayashi T, Watanabe M, Funasaka H, Morita T (2020) Seven-year temporal variation of caesium-137 discharge inventory from the port of Fukushima Daiichi Nuclear Power Plant: continuous monthly estimation of Caesium-137 discharge in the period from April 2011 to June 2018. *J. Nucl. Sci. Technol.*, **57**, 939-950.
6）Yagi H, Sugimatsu K, Kawamata S, Nakayama A, Udagawa T (2015) Chapter 6 Bottom turbidity, boundary layer dynamics, and associated transport of suspended particulate materials off the Fukushima coast. Impacts of the Fukushima nuclear accident on fish and fishing grounds. (Nakata K, Sugisaki H eds.) Springer, 77-89.
7）Takata H, Aono T, Aoyama M, Inoue M, Kaeriyama H, Suzuki S, Tsuruta T, Wada T, Wakiyama Y (2020) Suspended particle-water interactions increase dissolved ^{137}Cs activities in the nearshore waters during typhoon Hagibis. *Environ. Sci. Technol.*, **54**, 10678-10687.
8）Taniguchi K, Onda Y, Smith HG, Blake W, Yoshimura K, Yamashiki Y, Kuramoto T, Saito K (2019) Transport and redistribution of radiocesium in Fukushima fallout through rivers. *Environ. Sci. Technol.*, **53**, 12339-12347.
9）帰山秀樹・児玉真史・青木一弘・安倍大介・小埜恒夫・八木宏・渡邊朝生 (2013) 夏井川—仁井田川河口域周辺における懸濁態および溶存態放射性セシウムの存在割合 . *日本地球化学会年会要旨集* , **60**, 200.
10）Kakehi S, Kaeriyama H, Ambe D, Ono T, Ito S, Shimizu Y, Watanabe T (2016) Radioactive cesium dynamics derived from hydrographic observations in the Abukuma River Estuary, Japan. *J. Environ. Radioact.*, **153**, 1-9.
11）Takata H, Hasegawa K, Oikawa S, Kudo N, Ikenoue T, Isono R, Kusakabe M (2015) Remobilization of radiocesium on riverine particles in seawater: The contribution of desorption to the export flux to the marine environment. *Mar. Chem.*, **176**, 51-63.
12）田上恵子・内田滋夫 (2013) 我が国の沿岸域における放射性核種の堆積物—海水分配係数—土壌から海水への放射性核種溶出率の推定—. *分析化学* , **62**, 527-533.
13）Takata H, Wakiyama Y, Niida T, Igarashi Y, Konoplev A, Inatomi N (2021) Importance of desorption process from Abukuma River's suspended particles in increasing dissolved ^{137}Cs in coastal water during river-flood caused by typhoons. *Chemosphere*, **281**, 130751.
14）Tsumune D, Tsubono T, Aoyama M, Hirose K (2012) Distribution of oceanic ^{137}Cs from the Fukushima Dai-ichi Nuclear Power Plant simulated numerically by a regional ocean model. *J. Environ. Radioact.*, **111**, 100-108.
15）水産研究・教育機構 (2021) 令和 2 年度東京電力福島第一原子力発電所事故対応の調査研究における主要成果 . http://www.fra.affrc.go.jp/eq/Nuclear_accident_effects/2020seika.pdf（2022 年 1 月 20 日アクセス）

コラム6　海底境界層付近の懸濁粒子動態

1）八木宏・杉松宏一・西敬浩・川俣茂・中山哲嚴・宇田川徹・鈴木彰 (2013) 沿岸域における底層環境・懸濁物動態に関する現地観測. *土木学会論文集B2（海岸工学）*, **69** (2), I_1046-I_1050.
2）水産研究・教育機構 (2019) 平成30年度海洋生態系の放射性物質挙動調査事業報告書. https://www.fra.affrc.go.jp/eq/Nuclear_accident_effects/index.html （2023年1月25日アクセス）
3）水産研究・教育機構 (2020) 平成31年度海洋生態系の放射性物質挙動調査事業報告書. https://www.fra.affrc.go.jp/eq/Nuclear_accident_effects/index.html （2023年1月25日アクセス）
4）古市尚基・東博紀・杉松宏一・牧秀明・越川海・宇田川徹・遠藤次郎・大村智宏 (2017) 現場観測に基づく海底混合層近傍の懸濁粒子動態に関する基礎的考察. *土木学会論文集B2（海岸工学）*, **73** (2), I_85-I_90.
5）古市尚基・東博紀・杉松宏一・大村智宏・越川海・長谷川徹・山田東也・南部亮元・帰山秀樹 (2019) 海底混合層近傍の懸濁粒子動態. *沿岸海洋研究*, **57**(1), 21-30.
6）Buesseler KO, Jayne SR, Fisher NS, Yoshida S (2012) Fukushima-derived radionuclides in the ocean and biota off Japan. *Prog. Natl. Acad. Sci. USA*, **109**, 5984-5988.
7）Honda MC, Aono T, Aoyama M, Hamajima Y, Kawakami H, Kitamura M, Masumoto Y, Miyazawa Y, Takigawa M, Saino T (2012) Dispersion of artificial caesium-134 and -137 in the western North Pacific one month after the Fukushima accident. *Geochem J.*, **46**, e1-e9.

第3章　海産魚類の放射性セシウム濃度

1）原子力規制庁 (2021) 環境放射能データベース，環境放射能．https://www.kankyo-hoshano.go.jp/data/database/ （2021年10月1日アクセス）
2）Kasamatsu F, Ishikawa Y (1997) Natural variation of radionuclide ^{137}Cs concentration in marine organisms with special reference to the effect of food habits and trophic level. *Mar. Ecol. Prog. Ser.*, **160**, 109-120.
3）Doi H, Takahara T, Tanaka K (2012) Trophic position and metabolic rate predict the long-term decay process of radioactive cesium in fish : A meta-analysis. *PLoS ONE*, **7**(1), e29295.
4）渡邊壮一・金子豊二 (2015) 3章 水生動物における放射性物質の取り込みと排出. 水圏の放射能汚染.（黒岩寿編），恒星社厚生閣, 東京, 54-77.
5）IAEA (2004) Sediment distribution coefficients and concentration factors for biota in the marine environment. Technical Report Series No.422.
6）水産庁 (2021) 水産物の放射性物質調査の結果について, 1. 水産物の放射性物質調査結果. https://www.jfa.maff.go.jp/j/housyanou/kekka.html （2021年10月1日アクセス）
7）Kanda J (2013) Continuing ^{137}Cs release to the sea from the Fukushima Dai-ichi

Nuclear Power Plant through 2012. *Biogeosciences*, **10**, 6107-6113.
8) Tsumune D, Tsubono T, Aoyama M, Hirose K (2012) Distribution of oceanic ^{137}Cs from the Fukushima Daiichi Nuclear Power Plant simulated numerically by a regional ocean model. *J. Environ. Radioact.*, **111**, 100-108.
9) Buesseler KO, Minhan D, Aoyama M, Benitez-Nelson C, Charmasson S, Higley K, Maderich V, Masque P, Morris PJ, Oughton D, Smith JN (2017) Fukushima Daiichi-derived radionuclides in the ocean: transport, fate, and impacts. *Annu. Rev. Mar. Sci.*, **9**, 173-203.
10) Rask M, Saxén R, Ruuhijärvi J, Arvola L, Järvinen M, Koskelainen U, Outola I, Vuorinen PJ (2012) Short- and long-term patterns of ^{137}Cs in fish and other aquatic organisms of small forest lakes in southern Finland since the Chernobyl accident. *J. Environ. Radioact.*, **103**, 41-47.
11) Comans RNJ, Hockley DE (1992) Kinetics of cesium sorption on illite. *Geochimica et Cosmochimica Acta*, **56**, 1157-1164.
12) Sakuma H, Kawamura K (2011) Structure and dynamics of water on Li^+-, Na^+-, K^+-, Cs^+-, H_3O^+- exchanged muscovite surfaces: A molecular dynamics study. *Geochimuca et Cosmochimica. Acta*, **75**, 63-81.
13) 田中万也・坂口綾・岩谷北斗・高橋嘉夫 (2013) 福島第一原子力発電所事故由来の放射性セシウムの環境中での移行挙動とミクロスケールでの不均質性. *放射化学*, **27**, 12-19.
14) Aoyama M, Umematsu M, Tsumune D, Hamajima Y (2013) Surface pathway of radioactive plume of TEPCO Fukushima NPP1 released ^{134}Cs and ^{137}Cs. *Biogeosciences*, **10**, 3067-3078.
15) Wada T, Nemoto Y, Shimamura S, Fujita T, Mizuno T, Sohtome T, Kamiyama K, Morita T, Igarashi S (2013) Effect of the nuclear disaster on marine products in Fukushima. *J. Environ. Radioact.*, **124**, 246-254.
16) Wada T, Fujita T, Nemoto Y, Shimamura S, Mizuno T, Sohtome T, Kamiyama K, Narita K, Watanabe M, Hatta N, Ogata Y, Morita T, Igarashi S (2016) Effects of the nuclear disaster on marine products in Fukushima: An update after five years. *J. Environ. Radioact.*, **164**, 312-324.
17) Ambe D, Kaeriyama H, Shigenobu Y, Fujimoto K, Ono T, Sawada H, Saito H, Miki S, Setou T, Morita T, Watanabe T (2014) Five-minute resolved spatial distribution of radiocesium in sea sediment derived from the Fukushima Dai-ichi Nuclear Power Plant. *J. Environ. Radioact.*, **138**, 264-275.
18) Sohtome T, Wada T, Mizuno T, Nemoto Y, Igarashi S, Nishimune A, Aono T, Ito Y, Kanda J, Ishimaru T (2014) Radiological impact of TEPCO's Fukushima Dai-ichi Nuclear Power Plant accident on invertebrates in the coastal benthic food web. *J. Environ. Radioact.*, **138**, 106-115.
19) Shigenobu Y, Ambe D, Kaeriyama H, Sohtome T, Mizuno T, Koshiishi Y, Yamasaki S, Ono T (2015) Chapter 7, Investigation of radiocesium translation from contaminated sediment to benthic organisms. Impacts of Fukushima nuclear accident to the fish and fishing grounds. (Nakata K, Sugisaki H eds.) Springer, 139-151.

20）Tateda Y, Tsumune D, Tsubono T (2013) Simulation of radioactive cesium transfer in the southern Fukushima coastal biota using a dynamic food chain transfer model. *J. Environ. Radioact.*, **124**, 1-12.
21）原子力規制委員会 (2022) 放射線モニタリング情報，海域のモニタリング結果 . https://radioactivity.nsr.go.jp/ja/list/349/list-1.html （2022 年 11 月 25 日アクセス）
22）重信裕弥 (2017) 魚類の汚染機構 , *沿岸海洋研究* , **54-2**, 173-179.
23）福島県水産試験場 (1974) 太平洋北区栽培漁業漁場資源生態調査選択魚種（アイナメ・メバル・キツネメバル）に関する調査報告書 , 15-22.
24）五十嵐敏・島村信也 (1999) 福島県海域におけるミギガレイの食性，*福島県水産試験場研究報告* , **8**, 29-34.
25）Buesseler KO (2012) Fishing for Answers off Fukushima. *Science*, **338**, 480-482.
26）渡邉亮太・島村信也・藤田恒雄 (2016) 福島県沿岸域における海底土壌中放射性セシウムの分布状況と経時変化. *福島県水産試験場研究報告* , **17**, 7-19.
27）Fang J, Jiang Z, Fang J, Kang B, Gao Y, Du M (2018) Selectivity of *Perinereis aibuhitensis* (Polychaeta, Nereididae) feeding of sediment. *Mar. Biol. Res.*, **14-5**, 478-483.
28）Ono T, Ambe D, Kaeriyama H, Shigenobu Y, Fujimoto K, Sogame K, Nishiura N, Fujikawa T, Morita T, Watanabe T (2015) Concentration of ^{134}Cs + ^{137}Cs bonded to the organic fraction of sediments offshore Fukushima, Japan. *Geochemical J.*, **49**, 219-227.
29）Tessier A, Cambell PGC, Bisson M (1979) Sequential extraction procedure for the speciation of particulate trace metals. *Anal. Chem.*, **51**, 844-851.
30）Post DM (2002) Using stable isotopes to estimate trophic position: models, methods, and assumptions. *Ecology*, **83**, 703-718.
31）Togashi H, Nakane Y, Amano Y, Kurita Y (2019) Estimating the diets of fish using stomach contents analysis and a bayesian stable isotope mixing models in Sendai Bay. Oceanography challenges to future earth. (Komatsu T, Ceccaldi H-J, Yoshida J, Prouzet P, Henocque Y eds.) Springer, 235-245.
32）帰山秀樹・森田貴己・筧茂穂・田所和明・岡崎雄二・桑田晃・冨樫博幸 (2021) 東北沿岸域の海洋生態系における放射性物質の動態把握<①環境>. *令和 2 年度海洋生態系の放射性物質挙動調査事業報告書*, 水産研究・教育機構, 17-23.
33）Minagawa M, Wada E (1984) Stepwise enrichment of ^{15}N along food chains: Further evidence and the relation between δ^{15}N and animal age. *Geochimica et Cosmochimica Acta*, **48**, 1135-1140.

コラム 7　海底堆積物調査内容の詳細な解説

1）Tessier A, Cambell PGC, Bisson M (1979) Sequential extraction procedure for the speciation of particulate trace metals. *Anal. Chem.*, **51**, 844-851.

第4章　底魚類の生態と放射性セシウム濃度

1) Tsumune D, Tsubono T, Aoyama M, Hirose K (2012) Distribution of oceanic ^{137}Cs from the Fukushima Daiichi Nuclear Power Plant simulated numerically by a regional ocean model. *J. Environ. Radioact.*, **111**, 100-108.
2) Tateda Y, Tsumune D, Tsubono T (2013) Simulation of radioactive cesium transfer in the southern Fukushima coastal biota using a dynamic food chain transfer model. *J. Environ. Radioact.*, **124**, 1-12.
3) Ishimaru T, Tateda T, Tsumune D, Aoyama M, Hamajima Y, Kasamatsu N, Yamada M, Yoshimura T, Mizuno T, Kanda J (2019) Mechanisms of radiocesium depuration in *Sebastes cheni* derived by simulation analysis of measured ^{137}Cs concentrations off southern Fukushima 2014-2016. *J. Environ. Radioact.*, **203**, 200-209.
4) Kurita Y, Shigenobu Y, Sakuma T, Ito S (2015) Chapter 11, Radiocesium Contamination Histories of Japanese Flounder (*Paralichthys olivaceus*) After the 2011 Fukushima Nuclear Power Plant Accident. Impacts of Fukushima nuclear accident to the fish and fishing grounds. (Nakata K, Sugisaki H eds.) Springer, 139-151.
5) Kurita Y, Okazaki Y, Yamashita Y (2018) Ontogenetic habitat shift of age-0 Japanese flounder *Paralichthys olivaceus* on the Pacific coast of northeastern Japan: differences in timing of the shift among areas and potential effects on recruitment success. *Fish. Sci.*, **84**, 173-187.
6) Kurita Y, Sakuma T, Kakehi S, Shimamura S, Sanematsu A, Kitagawa H, Ito S, Kawabe R, Shibata Y, Tomiyama T (2021) Seasonal changes in depth and temperature of habitat for Japanese flounder *Paralichthys olivaceus* on the Pacific coast of northeastern Japan. *Fish. Sci.*, **87**, 223-237.
7) 木島明博 (1989) マコガレイ属マガレイおよびマコガレイの種内における遺伝的分化と集団構造，アイソザイムによる魚介類の魚介類の集団解析，第4章魚介類の集団遺伝学的解析 . *日本水産資源保護協会昭和 61-63 年度報告書*, 436-444.
8) 田畑和男 (1992) マコガレイの兵庫県瀬戸内海海域における漁獲群と人工種苗生産群のアイソザイムによる集団解析 . *水産育種*, **17**, 71-80.
9) 高橋豊美 (1998) 津軽海峡域の資源生態学的特性：マコガレイの生態を通して . *水産海洋研究*, **62**(2), 142-146.
10) 佐伯光弘・菊池喜彦 (2000) 宮城県沿岸域における異なる海域間で漁獲されたマコガレイの成長，産卵期及び遺伝的差異について. *宮城県水産研究開発センター研究報告*, **16**, 61-70.
11) Tomiyama T, Yamada M, Yamanobe A, Kurita Y (2021) Seasonal bathymetric distributions of three coastal flatfishes: Estimation from logbook data for trawl and gillnet fisheries. *Fish. Res.*, **223**, 105733.
12) 大森迪夫 (1974) 仙台湾における底魚の生産構造に関する研究 - Ⅰ，マコガレイの食性と分布について . *日本水産学会誌*, **40**(11), 1115-1126.
13) 水産研究･教育機構 (2017) 平成 28 年度放射性物質影響解明調査事業報告書, 1-1-2 宮城県・福島県・茨城県海域の表層海底土中の放射性セシウム濃度，11-15.
14) Ono T, Ambe D, Kaeriyama H, Shigenobu Y, Fujimoto K, Sogame K, Nishiura N, Fujikawa T, Morita T, Watanabe T (2015) Chapter 5, Radiocesium concentrations in the

organic fraction of sea sediments. Impacts of Fukushima nuclear accident to the fish and fishing grounds. (Nakata K, Sugisaki H eds.) Springer. 67-75.
15）磯山直彦・及川真司・御園生淳・中原元和・中村良一・鈴木奈緒子・吉野美紀・鈴木千吉・佐藤肇・原猛也 (2008) 融合結合プラズマ質量分析法により定量したマコガレイ筋肉中のセシウム濃度と成長の関係性. *分析化学*, **57**(9), 763-769.
16）Kasamatsu F, Ishikawa Y (1997) Natural variation of radionuclide ^{137}Cs concentration in marine organisms with special reference to the effect of food habits and trophic level. *Mar. Ecol. Prog. Ser.*, **160**, 109-120.
17）原子力規制委員会（2022）放射線モニタリング情報，海域のモニタリング結果. https://radioactivity.nsr.go.jp/ja/list/349/list-1.html （2022 年 11 月 25 日アクセス）

第5章　淡水魚による放射性セシウムの取り込み

1）渡邉壮一・金子豊二 (2015) 3 章 水生動物における放射性物質の取り込みと排出. 水圏の放射能汚染（黒倉寿編），恒星社厚生閣, 東京, 54-80.
2）Jonsson B, Forseth T, Ugedal O (1999) Chernobyl radioactivity persists in fish. *Nature*, **400**, 417.
3）日本水産資源保護協会 (2003) 湖沼河川の基盤情報整備事業報告書. 112.
4）帰山秀樹・山本祥一郎 (2017) 栃木県中禅寺湖の溶存態放射性セシウムの存在量評価ならびに滞留時間の推定. *平成 29 年度日本水産学会春季大会講演要旨集*. **61**, 23-24.
5）Matsuzaki S, Tanaka A, Kohzu A, Suzuki K, Komatsu K, Shinohara R, Nakagawa M, Nohara S, Ueno R, Satake K, and Hayashi S (2021) Seasonal dynamics of the activities of dissolved ^{137}Cs and the ^{137}Cs of fish in a shallow, hypereutrophic lake: Links to bottom-water oxygen concentrations. *Sci. Total Environ.*, **761**, 143257.
6）鈴木究真・角田欣一 (2013) 湖沼環境への影響と課題－群馬県・赤城大沼－. *水環境学会誌*, **36**, 87-90.
7）恩田裕一・加藤弘亮 (2020) 陸域における放射性セシウムの環境動態と長期移行予測－森林における放射性セシウムの移行と循環－. *Radiosotopes*, **69**, 67-77.
8）Onda Y, Taniguchi K, Yoshimura K, Kato H, Takahashi J, Wakiyama Y, Coppin F, Smith H (2020) Radionuclides from the Fukushima Daiichi Nuclear Power Plant in terrestrial systems. *Nature Reviews Earth & Environment*, **1**, 644-660.
9）Iwagami S, Onda Y, Tsujimura M, Abe Y (2017) Contribution of radioactive ^{137}Cs discharge by suspended sediment, coarse organic matter, and dissolved fraction from a headwater catchment in Fukushima after the Fukushima Dai-ichi Nuclear Power Pland accident. *J. Environ. Radioact.*, **166**, 466-474.
10）水産研究・教育機構 (2022) 令和 3 年度 海洋生態系の放射性物質挙動調査事業報告書 https://www.fra.affrc.go.jp/eq/Nuclear_accident_effects/final_report2021.pdf（2023 年 1 月 30 日アクセス）
11）福島武彦・相崎守弘・村岡弘爾 (1985) 深い湖における懸濁態物質の沈降現象とその物質循環に及ぼす影響. *衛生工学研究論文集*, **21**, 211-224.
12）Ono T, Ambe D, Kaeriyama H, Shigenobu Y, Fujimoto K, Sogame K, Nishiura N,

Fujikawa T, Morita T, Watanabe T (2015) Concentration of ^{134}Cs+^{137}Cs bonded to the organic fraction of sediments offshore Fukushima, Japan. *Geochem. J.*, **49**, 219-227.

13）安倍大介・小埜恒夫 (2016) 海底にたまる放射性物質 . 福島第一原発事故による海と魚の放射能汚染（国立研究開発法人水産総合研究センター編）成山堂書店 , 東京 , 70-78.

14）山本祥一郎・生野元昭・松村淳・松見健・藤川敬・安倍大介 (2018) 栃木県中禅寺湖の湖底土に吸着した放射性セシウムの空間分布、存在形態、および時間的推移 . *日本水産学会誌* , **84**, 682-695.

15）Qin H, Yokoyama Y, Fan Q, Iwatani H, Tanaka K, Sakaguchi A, Kanai Y, Zhu J, Onda Y, Takahashi Y (2012) Investigation of cesium adsorption on soil and sediment samples from Fukushima prefecture by sequential extraction and EXAFS technique. *Geochem. J.*, **46**, 297-302.

16）高木香織・山本祥一郎 (2015) 湖沼底泥から淡水魚類の餌生物への放射性セシウムの移行 . *日本水産学会春季大会講演要旨集* . 春季 , 116.

17）Sohtome T, Wada T, Mizuno T, Nemoto Y, Igarashi S, Nishimune A, Aono T, Ito Y, Kanda J, Ishimaru T (2014) Radiological impact of TEPCO's Fukushima Dai-ichi nuclear power plant accident on invertebrates in the coastal bentic food web. *J. Environ. Radioact.*,**138**, 106-115.

18）松崎慎一郎・佐竹潔・田中敦・上野隆平・中川惠・野原精一 (2015) 福島原発事故後の霞ヶ浦における淡水巻貝・二枚貝の放射性セシウム 137(^{137}Cs) の濃度推移、濃縮係数および生態学的半減期 . *陸水学雑誌* , **76**, 25-34.

19）佐竹潔・上野隆平・松崎慎一郎・田中敦・高津文人・中川惠・野原精一 (2016) 福島原発事故から 2 年後の霞ヶ浦におけるユスリカ幼虫の放射性セシウム 137(^{137}Cs) の濃度と移行状況 . *陸水学雑誌* , **77**, 137-143.

20）水産研究・教育機構 (2016) 平成 27 年度 放射性物質影響解明調査事業報告書. http://www.fra.affrc.go.jp/eq/Nuclear_accident_effects/final_report27.pdf （2023年1月30日アクセス）

21）International Atomic Energy Agency (2014) Handbook of parameter values for the prediction of radionuclide transfer to wildlife. *Technical Reports,* Series no. 479.

22）Yamamoto S, Mutou K, Nakamura H, Miyamoto K, Uchida K, Takagi K, Fujimoto K, Kaeriyama H, Ono T (2014) Assessment of radiocaesium accumulation by hatchery-reared salmonids after the Fukushima nuclear accident. *Can. J. Fish. Aquat. Sci.*, **71**,1772-1775.

23）山本祥一郎 (2016) 7. 淡水魚類の汚染状況 . 福島第一原発事故による海と魚の放射能汚染（国立研究開発法人水産総合研究センター編）, 成山堂書店 , 東京 , 129-139.

24）水産庁 (2022) 水産物の放射性物質調査について . https://www.jfa.maff.go.jp/j/housyanou/kekka.html （2023 年 1 月 30 日アクセス）

25）Yamamoto S, Yokozuka T, Fujimoto K, Takagi K, Ono T (2014b) Radiocaesium concentrations in the muscle and eggs of salmonids from Lake Chuzenji, Japan, after the Fukushima fallout. *J. Fish Biol.*, **84**, 1607-1613.

26）Matsuda K, Takagi K, Tomiya A, Enomoto M, Tsuboi J, Kaeriyama H, Ambe D, Fujimoto K, Ono T, Uchida K, Morita T, Yamamoto S (2015) Comparison of radioactive cesium contamination of lake water, bottom sediment, plankton, and freshwater fish among lakes of Fukushima prefecture, Japan after the Fukushima fallout. *Fish. Sci.*, **81**, 737-747.

27）Tsuboi J, Abe S, Fujimoto K, Kaeriyama H, Ambe D, Matsuda K, Enomoto M, Tomiya A, Morita T, Ono T, Yamamoto S, Iguchi K (2015) Exposure of a herbivorous fish to ^{134}Cs and ^{137}Cs from the riverbed following the Fukushima disaster. *J. Environ. Radioact.*, **141**, 32-37.

28）Wada T, Tomiya A, Enomoto M, Sato T, Morishita D, Izumi S, Niizeki K, Suzuki S, Morita T, Kawata G (2016) Radiological impact of the nuclear power plant accident on freshwater fish in Fukushima: an overview of monitoring results. *J. Environ. Radioact.*, **151**, 144-155.

29）Takagi K, Yamamoto S, Matsuda K, Tomiya A, Enomoto M, Shigenobu Y, Fujimoto K, Ono T, Morita T, Uchida K, Watanabe T (2015) Radiocesium concentrations and body size of largemouth bass, *Micropterus salmoides* (Lacépède, 1802), and smallmouth bass, *M. dolomieu* (Lacépède, 1802), in Lake Hayama, Japan. *J. Appl. Ichthyol.*, **31**, 909-911.

30）冨樫博幸・栗田豊 (2016) 6-3. 底魚類の放射性セシウム . 福島第一原発事故による海と魚の放射能汚染（国立研究開発法人水産総合研究センター編），成山堂書店 , 東京 , 90-99.

31）水産研究・教育機構 (2021) 令和 2 年度 海洋生態系の放射性物質挙動調査事業報告書. http://www.fra.affrc.go.jp/eq/Nuclear_accident_effects/final_report2020.pdf （2023 年 2 月 6 日アクセス）

32）Matsuda K, Yamamoto S, Miyamoto K (2020) Comparison of ^{137}Cs uptake, depuration and continuous uptake, originating from feed, in five salmonid fish species. *J. Environ. Radioact.*, **222**, 106350.

33）Ugedal O, Jonsson B, Njåstad O, Næumanñ R (1992) Effects of temperature and body size on radiocaesium retention in brown trout, *Salmo trutta*. *Freshw. Biol.*, **28**, 165-171.

34）水産研究・教育機構 (2018) 平成 29 年度 海洋生態系の放射性物質挙動調査事業報告書. http://www.fra.affrc.go.jp/eq/Nuclear_accident_effects/final_report29.pdf （2023 年 2 月 6 日アクセス）

35）水産研究・教育機構 (2019) 平成 30 年度 海洋生態系の放射性物質挙動調査事業報告書 . http://www.fra.affrc.go.jp/eq/Nuclear_accident_effects/final_report30.pdf （2023 年 2 月 6 日アクセス）

36）河田燕・山田崇裕 (2012) 原子力事故により放出された ^{134}Cs/^{137}Cs 放射能比について. *Isotope News*, **697**, 16-20.

37）Relman AS (1956) The physiological behavior of rubidium and cesium in relation to that of potassium. *Yale J. Biol. Med.*, **29**, 248-262.

38）Palmer B (2015) Regulation of potassium homeostasis. *Clin. J. Am. Soc. Nephrol.*, **10**, 1050-1060.

39）Sundbom M, Meili M, Andersson E, Östlund M, Broberg A (2003) Long-term dynamics of Chernobyl ^{137}Cs in freshwater fish: quantifying the effect of body size and trophic level. *J. App. Ecol.*, **40**, 228-240.

40）Ishii Y, Matsuzaki SS, Hayashi S (2020) Different factors determine ^{137}Cs concentration factors of freshwater fish and aquatic organisms in lake and river ecosystems. *J. Env. Radioact.*, **213**, 106102.

41) Yamamoto S, Mutou K, Nakamura H, Miyamoto K, Uchida K, Takagi K, Fujimoto K, Kaeriyama H, Ono T (2015) Assessment of radiocesium accumulation by hatchery-reared salmonids after the Fukushima nuclear accident. Impacts of the Fukushima nuclear accident on fish and fishing grounds.(Nakata K, Sugisaki H eds.) Springer, 231-238.

42) Wada T, Konoplev A, Wakiyama Y, Watanabe K, Furuta Y, Morishita D, Kawata G, Nanba K (2019) Strong contrast of cesium radioactivity between marine and freshwater fish in Fukushima. *J. Environ. Radioact.*, **204**, 132-142.

43) Miyasaka H, Nakano S, Furukawa-Tanaka T (2003) Food habit divergence between white-spotted charr and masu salmon in Japanese mountain streams: circumstantial evidence for competition. *Limnology*, **4**, 1-10.

44) 木曾克裕・熊谷五典 (1989) 三陸地方南部大川水系における河川生活期サクラマスの食物の季節変化 . *東北区水産研究所研究報告* , **51**, 117-133.

45) Okada K, Sakai M, Gomi T, Iwamoto A, Negishi JN, Nunokawa M (2021) Seasonal variations of ^{137}Cs concentration in freshwater charr through uptake and metabolism in 1-2 years after the Fukushima accident. *Ecol. Res.*, **36**, 935-946.

46) 寺本航・中久保泰起・早乙女忠弘 (2019) 河川に生息する魚類の放射能調査（空間線量率・河川砂泥とヤマメ ^{137}Cs 濃度の関係）. *平成 30 年度福島県内水面水産試験場事業概要報告書* , 63-65.

47) 寺本航 (2020) 放射線に関する調査研究 3 河川に生息する魚類の放射能調査 . *令和元年度福島県内水面水産試験場事業概要報告書* , 69-72.

48) Nakano S (1995) Individual differences in resource use, growth and emigration under the influence of a dominance hierarchy in fluvial red-spotted masu salmon in a natural habitat. *J. Anim. Ecol.*, **64**, 75-84.

49) Nakamura T, Maruyama T, Watanabe S (2002) Residency and movement of stream-dwelling Japanese charr, *Salvelinus leucomaenis*, in a central Japanese mountain stream. *Ecol. Fresh. Fish*, **11**, 150-157.

50) 山本聡・沢本良宏・井口恵一朗・北野聡 (2004) 千曲川水系の山地渓流における出水後のイワナの停留と移動 . *長野県水産試験場研究報告* , **6**, 1-3.

51) 重倉基希・山本聡 (2013) イワナ禁漁漁場の資源回復―IV. *長野県水産試験場研究報告*,**14**, 22.

52) 久保田仁志・中村智幸・丸山隆・渡辺精一 (2001) 小支流におけるイワナ、ヤマメ当歳魚の生息数、移動分散および成長 . *日本水産学会誌* , **67**, 703-709.

53) 中村智幸 (1998) イワナにおける支流の意義 . 自然復元特集 4　魚から見た水環境―復元生態学に向けて／河川編―（森誠一編）, 信山社サイテック , 東京 , 177-187.

54) Okamura A, Yamada Y, Yokouchi K, Horie N, Mikawa N, Utoh T, Tanaka S, Tsukamoto K (2007) A silvering index for Japanese eel *Anguilla japonica*. *Env. Biol. Fishes.*, **80**, 77-89.

55) Hanslík E, Marešová D, Juranová E (2013) Temporal and spatial changes in the concentrations of radiocaesium and radiostrontium in the Vltava river basin affected by the operation of the nuclear power plant at Temelín. *Eur. J. Env. Sci.*, **3**, 5-16.

56）中村智幸 (2019) 内水面漁協の経営改善に向けた組合の類型化の試み , *漁業経済研究* , **62-63**, 75-87.

コラム 8　5種のサケ科魚類における餌を介したセシウム 137 の取り込みと排出

1）Matsuda K, Yamamoto S, Miyamoto K (2020) Comparison of ^{137}Cs uptake, depuration and continuous uptake, originating from feed, in five salmonid fish species. *J. Environ. Radioact.*, **222**, 106350.

第 6 章　海洋生物のストロンチウム 90 濃度を測る

1）水産庁 (2022) 水産物の放射性物質調査の結果について . https://www.jfa.maff.go.jp/j/housyanou/kekka.html （2022 年 12 月 6 日アクセス）
2）Miki S, Fujimoto K, Shigenobu Y, Ambe D, Kaeriyama H, Takagi K, Ono T, Watanabe T, Sugisaki H, Morita T (2017) Concentrations of ^{90}Sr and ^{137}Cs/^{90}Sr activity ratios in marine fishes after the Fukushima Dai-ichi Nuclear Power Plant accident. *Fish. Oceanogr.*, **26**, 221-233.
3）東京電力 (2012 ～ 2022) 魚介類の分析結果＜福島第一原子力発電所 20km 圏内＞（Sr）
4）Whicker FW, Nelson WC, Gallegos AF (1972) Fallout ^{137}Cs and ^{90}Sr in trout from mountain lakes in Colorado. *Health Phys.*, **23**, 519-527.
5）西原健司・山岸功・安田健一郎・石森健一郎・田中究・久野剛彦・稲田聡・後藤雄一 (2012) 速報　福島第一原子力発電所の滞留水への放射性核種放出 . *日本原子力学会和文論文誌* , **11,** 13-19.
6）Povinec PP, Hirose K, Aoyama M (2012) Radiostrontium in the western North Pacific: characteristics, behavior, and the Fukushima impact. *Environ. Sci. Technol.*, **46**, 10356-10363.
7）Chino M, Nakayama H, Nagai H, Terada H, Katata G, Yamazawa H (2011) Preliminary estimation of release amounts of ^{131}I and ^{137}Cs accidentally discharged from the Fukushima Daiichi Nuclear Power Plant into the atmosphere. *J. Nucl. Sci. Technol.*, **48**, 1129-1134.
8）Kobayashi T, Nagai H, Chino M, Kawamura H (2013) Source term estimation of atmospheric release due to the Fukushima Dai-ichi Nuclear Power Plant accident by atmospheric and oceanic dispersion simulations. *J. Nucl. Sci. Technol.*, **50**, 255-264.
9）Aoyama M, Hamajima Y, Hult M, Oka E, Tsumune D, Kumamoto Y (2015) ^{134}Cs and ^{137}Cs in the North Pacific Ocean derived from the march 2011 TEPCO Fukushima Dai-ichi Nuclear Power Plant accident, Japan: part One – Surface pathway and vertical distributions. *J. Oceanogr.*, **72**, 53-65.
10）Nuclear Emergency Response Headquarters, NERH, Government of Japan (2011) Report of the Japanese government to the IAEA ministerial conference on nuclear safety.
11）Tsumune D, Tsubono T, Aoyama M, Hirose K (2012) Distribution of oceanic ^{137}Cs from the Fukushima Daiichi nuclear power plant simulated numerically by a regional ocean

model. *J. Environ. Radioact.*, **111**, 100-108.

12）Casacuberta N, Masqué P, Garcia-Orellana J, García-Tenorio R, and Buesseler KO (2013) ^{90}Sr and ^{89}Sr in seawater off Japan as a consequence of the Fukushima Dai-ichi nuclear accident. *Biogeosciences*, **10**, 3649-3659.

13）International Atomic Energy Agency (IAEA) (2004) Sediment distribution coefficients and concentration factors for biota in the marine environment. IAEA Rep. IAEA-TECDOC-422, IAEA, Vienna, Austria, 95.

14）Bowen VT, Noshkin VE, Livingston HD, Volchok HL (1980) Fallout radionuclides in the Pacific Ocean: vertical and horizontal distributions, largely from GEOSECS stations. *Earth Planet. Sci. Lett.*, **49**, 411-434.

15）United Nations Scientific Committee on the Effects of Atomic Radiation, UNSCEAR (2000) Exposure and effects of the Chernobyl accident (Annex J). United Nations, New York.

16）International Atomic Energy Agency (IAEA) (2005) Worldwide Marine Radioactivity Studies (WOMARS). IAEA Rep. IAEA-TECDOC-1429, IAEA, Vienna, Austria, 187.

17）Miller JR and Reitemeier RF (1963) The leaching of radiostrontium and radiocesium through soils. *Soil Sci. Soc. Am. J.*, **27**, 141-144.

18）津村昭人・駒村美佐子・小林宏信 (1984) 土壌及び土壌—植物系における放射性ストロンチウムとセシウムの挙動に関する研究 . *農業技術研究所報告 . B, 土壌肥料* . **36**, 57-113.

19）Igarashi Y, Aoyama M, Hirose K, Miyao T, Yabuki S (2001) Is it possible to use ^{90}Sr and ^{137}Cs as tracers for the Aeolian dust transport? *Water Air Soil Pollut.*, **130**, 349-354.

20）Ikeuchi Y (2003) Temporal variations of ^{90}Sr and ^{137}Cs concentrations in Japanese coastal surface seawater and sediments from 1974 to 1998. *Deep Sea Res.* Part II Top. Stud. Oceanogr., **50**, 2713-2726.

21）水産研究・教育機構 (2022) 水産物ストロンチウム等調査結果 . https://www.fra.affrc.go.jp/eq/result_strontium.pdf （2022 年 10 月 7 日アクセス）

22）文部科学省 (2003) 文部科学省放射能測定法シリーズ 2 放射性ストロンチウム分析法 .（平成 15 年改訂版）日本分析センター , 東京 .

23）森田貴己・三木志津帆 (2016) 2（5）食品はセシウムだけを調査していて大丈夫か．福島第一原発事故による海と魚の放射能汚染（国立研究開発法人水産総合研究センター編），成山堂書店 , 東京 , 21-25.

24）森田貴己・藤本賢 (2016) 4. 放射能調査に取り組む水産総合研究センター . 福島第一原発事故による海と魚の放射能汚染（国立研究開発法人水産総合研究センター編），成山堂書店 , 東京 , 39-58.

25）原子力規制庁 (2022) 日本の環境放射能と放射線 , 環境放射線データベース . https://www.kankyo-hoshano.go.jp/data/database/ （2022 年 12 月 6 日アクセス）

26）東京電力 (2017) 福島第一 20km 圏内で採取したクロダイの核種分析結果について . https://www.tepco.co.jp/nu/fukushima-np/f1/smp/2017/images3/fish03_170713-j.pdf（2023 年 2 月 6 日アクセス）

27）森田貴己・岡村寛・三木志津帆・重信裕弥・天野洋典・渡辺透 (2022) 魚類生息環境判別技術の開発．*日本放射化学会第 66 回討論会* , 東京.

28) Castrillejo M, Casacuberta N, Breier CF, Pike SM, Masque P, Buesseler KO (2016) Reassessment of ^{90}Sr, ^{137}Cs and ^{134}Cs in the coast off Japan derived from the Fukushima Dai-ichi nuclear accident. *Environ. Sci. Technol.*, **50**, 173-180.
29) 農林水産省農林水産技術会議事務局研究企画課（2018 ~ 2021）農林水産省関係放射能調査研究年報 C 水産関係

第 7 章　風評被害の実態

1) 関谷直也 (2003)「風評被害」の社会心理―「風評被害」の実態とそのメカニズム―, *災害情報*, **1**, 78-89.
2) 有賀健高 (2016) 原発事故と風評被害:食品の放射能汚染に対する消費者意識. 昭和堂, 京都, 184.
3) Miyata T, Wakamatsu H (2018) Who refuses safe but stigmatized marine products due to concern about radioactive contamination? *Fish. Sci.*, **84**, 1119-1133.
4) 消費者庁 (2022) 風評被害に関する消費者意識の実態調査（第 15 回）報告書, 17.
5) Wakamatsu H, Miyata T (2017) Reputational damage and the Fukushima disaster: an analysis of seafood in Japan. *Fish. Sci.*, **83**, 1049-2017.
6) 観山恵理子・馬奈木俊介 (2021) 東日本大震災後の産地ブランドに対する消費者評価―選択型コンジョイント分析法を用いた福島県産コメとモモの定量分析―. *フードシステム研究*, **27**(4), 298-303.
7) Ito N, Kuriyama K (2017) Averting behaviors of very small radiation exposure via food consumption after the Fukushima nuclear power station accident. *Amer. J. Agr. Econ.*, **99**(1), 1-18.
8) 氏家清和 (2013) 農産物の放射性物質汚染に対する消費者評価の推移 . *農業経済研究*, **85**(3), 164-172.
9) Aruga K, Wakamatsu H (2018) Consumer perceptions toward seafood produced near the Fukushima nuclear plant. *Marine Resource Economics*, **33**(4), 373-386.
10) 農林水産省 (2018) 平成 29 年度福島県産農産物等流通実態調査報告書, 897.
11) 多核種除去設備等処理水の取扱いに関する小委員会（2020）多核種除去設備等処理水の取扱いに関する小委員会報告書 , 45.
12) 農林水産省 (2021) 令和 2 年度福島県産農産物等流通実態調査報告書, 290.
13) 宮田勉 (2009) マツカワ養殖業の課題―新規養殖業の開始時から現在まで . *北日本漁業*, **37**, 92-104.
14) 農林水産省 (2021) 海面漁業生産統計調査. https://www.maff.go.jp/j/tokei/kouhyou/kaimen_gyosei/ （2021 年 9 月 21 日アクセス）
15) 水産庁 (2021) 令和 2 年度水産白書, 206.
16) 水産庁 (2021) 水産加工業者における東日本大震災からの復興状況アンケート（第 8 回）の結果, 9.

東電福島第一原発事故に関連する情報ウェブサイト一覧

本書作成の参考とした官公庁や研究機関、大学などによるウェブサイトの一覧を掲載します。ぜひアクセスし、色々な情報に触れてみてください。

① **水産庁**　水産物における放射性物質の影響とその対応

水産物を対象とした事故直後からの放射性セシウム濃度の調査結果を網羅するとともに、安心して魚を食べ続けるための放射能物質検査について、分かりやすく説明したパンフレットなどの啓発資料を掲載しています。

② **国立研究開発法人水産研究・教育機構**　東日本大震災関連情報

事故直後から実施した調査研究内容の紹介とともに、事故直後の海洋調査で得られた試料の放射性セシウム濃度、事故直後から最近までの海産生物の放射性ストロンチウム濃度の測定結果等を網羅しています。

③ **原子力規制委員会**　放射線モニタリング情報

各都道府県での放射線モニタリング情報共有・公表システムや各種データベースを網羅して掲載しています。

④ **環境省**　原子力発電所事故による放射性物質対策

放射性物質対策として各種法律ならびに財政措置、健康管理対策についての資料を網羅するとともに、事故直後からのモニタリング結果を掲載しています。

⑤　**厚生労働省**　東日本大震災関連情報　食品中の放射性物質

食品の安全・安心確保のため食品中の放射性物質への対応と現状についての説明資料ならびに施策や啓発資料に加え、食品に含まれる放射性セシウム濃度の検査結果を掲載しています。

⑥　**消費者庁**　東日本大震災関連情報

食品中の放射性物質に関する各種資料を網羅するとともに、食品の検査結果や出荷制限に関する情報を分かりやすく説明したパンフレットなどの啓発資料を掲載しています。

⑦　**農林水産省**

食品中の放射性物質について知りたい方へ（消費者向け情報）

「食品中の放射性物質について知りたい方へ」として消費者に向けた放射性物質の特性と検査結果の見方についての解説資料を掲載しています。

⑧　**福島県水産海洋研究センター**

原子力災害関連情報（魚介類・海洋関係）

福島県のウェブサイト内にて、福島県沿岸・沖合域での各種の放射能モニタリング測定結果や除染などの取り組み資料を網羅して掲載しています。

⑨　**福島県環境創造センター**

福島県内での各種の放射能モニタリング測定結果などの取り組み資料を網羅し分かりやすく説明したパンフレットなどの啓発資料とともに掲載しています。

国立研究開発法人日本原子力研究開発機構（JAEA）

⑩　福島原子力事故関連情報アーカイブ

東電福島第一原発での放射能漏れ事故による影響や対応についての各種会議資料や放射能モニタリング結果、文献情報などを検索することができます。国立研究開発法人日本原子力研究開発機構（JAEA）が運用しています。

⑪　福島総合環境情報サイト（FaCE!S）

福島県内での放射能モニタリング結果などを分かりやすく説明した資料を掲載しています。国立研究開発法人日本原子力研究開発機構（JAEA）福島研究開発部門が運用しています。

⑫　放射性物質モニタリングデータの情報公開サイト

各種放射能モニタリング調査結果をGISにより図示することができます。国立研究開発法人日本原子力研究開発機構（JAEA）が運用しています。

⑬　根拠情報Q&Aサイト

東電福島第一原発での放射能漏れ事故の影響やその後の対応について説明資料を網羅しています。国立研究開発法人日本原子力研究開発機構（JAEA）が運用しています。

⑭　国立研究開発法人国立環境研究所（NIES）

福島地域協働研究拠点

東電福島第一原発での放射能漏れ事故を受けて国立研究開発法人国立環境研究所福島地域協働研究拠点が行っている環境への影響調査や研究を紹介しています。

⑮　国立大学法人福島大学環境放射能研究所

東電福島第一原発での事故後の環境放射能に関係する課題解決を目指し、福島大学に平成25年に設置された環境放射能研究所のウェブサイトです。

⑯　筑波大学アイソトープ環境動態研究センター

東電福島第一原発事故を契機として筑波大学に平成24年に設置されたアイソトープ環境動態研究センターのウェブサイトです。

⑰　放射能環境動態・影響評価ネットワーク共同研究拠点（ERAN）

筑波大学アイソトープ環境動態研究センター、国立大学法人福島大学環境放射能研究所、弘前大学被ばく医療総合研究所、国立研究開発法人日本原子力研究開発機構福島研究開発部門福島研究開発拠点廃炉環境国際共同研究センター、国立研究開発法人国立環境研究所福島地域協働研究拠点、公益財団法人環境科学技術研究所が参画する共同研究拠点のウェブサイトです。

⑱　ERAN database

ERAN ⑰のウェブサイトに掲載されているデータベースです。

⑲　公益社団法人日本水産学会　東日本大震災に関するお知らせ

日本水産学会が開催した東日本大震災をテーマとしたシンポジウムの紹介資料や学会誌に掲載された東日本大震災に関連する論文リストを掲載しています。

⑳　日本海洋学会　東日本大震災特設サイト

東日本大震災に関連する日本海洋学会の取り組みや提言などの情報を掲載しています。

㉑　一般社団法人日本原子力学会

東京電力福島第一原子力発電所事故への取り組み

東電福島第一原発の事故を受けて、日本原子力学会が行った事故に関する情報収集・分析・評価、環境修復、放射線影響に関する活動内容を掲載しています。

㉒　日本の環境放射能と放射線

公益財団法人日本分析センターが運営（原子力規制庁委託）しており、分かりやすい説明資料の掲載に加えて各種の放射能調査研究の内容とデータ検索を行うことができます。

索　引

【た行】

【な行】

【は行】

【ま行】

【や・ら・わ行】

【数字・欧文】

編著者・執筆者一覧

（執筆章順、所属は原稿執筆時点、〔　〕は執筆担当箇所。所属組織記載のないものは、国立研究開発法人 水産研究・教育機構所属）

【編著者】

帰山　秀樹（かえりやま　ひでき）
水産資源研究所 水産資源研究センター 海洋環境部 放射能調査グループ
〔巻頭言、1章、2章、おわりに、コラム1、コラム4、コラム6〕

児玉　真史（こだま　まさし）
水産技術研究所 企画調整部門〔巻頭言、1章、おわりに〕

森永　健司（もりなが　けんじ）
水産技術研究所 企画調整部門〔巻頭言、1章、おわりに、コラム2、コラム3〕

【執筆者】

重信　裕弥（しげのぶ　ゆうや）
水産資源研究所 水産資源研究センター 海洋環境部 放射能調査グループ〔3章、4章〕

安倍　大介（あんべ　だいすけ）
水産資源研究所 水産資源研究センター 海洋環境部 暖流第1グループ〔コラム5〕

古市　尚基（ふるいち　なおき）
水産技術研究所 環境・応用部門 水産工学部・水産基盤グループ〔コラム6〕

冨樫　博幸（とがし　ひろゆき）
水産資源研究所 水産資源研究センター 底魚資源部 底魚第2グループ〔3章〕

栗田　　豊（くりた　ゆたか）
水産資源研究所 水産資源研究センター 海洋環境部〔3章、4章〕

森田　貴己（もりた　たかみ）
水産資源研究所 水産資源研究センター 海洋環境部 放射能調査グループ〔コラム7〕

編著者・執筆者一覧

山本　祥一郎（やまもと　しょういちろう）
水産技術研究所 環境・応用部門 沿岸生態システム部 内水面グループ 〔5章〕

増田　賢嗣（ますだ　よしつぐ）
水産技術研究所 環境・応用部門 沿岸生態システム部 内水面グループ 〔5章5-2〕

中久保　泰起（なかくぼ　ひろき）
福島県農林水産部 水産課 〔5章5-2〕

佐合　慶祐（さごう　けいすけ）
千葉県水産総合研究センター 内水面水産研究所 〔5章5-2〕

三木　志津帆（みき　しづほ）
水産資源研究所 水産資源研究センター 海洋環境部 放射能調査グループ 〔6章〕

東畑　　顕（とうはた　けん）
水産資源研究所 水産資源研究センター 海洋環境部 放射能調査グループ 〔6章〕

神山　龍太郎（かみやま　りゅうたろう）
水産資源研究所 水産資源研究センター 社会･生態系システム部 漁業管理グループ 〔7章〕

宮田　　勉（みやた　つとむ）
国立研究開発法人 国際農林水産業研究センター 〔7章〕

松田　圭史（まつだ　けいし）
水産技術研究所 環境・応用部門 沿岸生態システム部 内水面グループ 〔コラム8〕

星野　浩一（ほしの　こういち）
水産技術研究所 企画調整部門 標本管理室 〔口絵〕

中村　智幸（なかむら　ともゆき）
水産技術研究所 環境・応用部門 沿岸生態システム部 〔口絵〕

水産研究・教育機構叢書

東日本大震災後の放射性物質と魚

東京電力福島第一原子力発電所事故から10年の回復プロセス

定価はカバーに表示してあります。

2023年3月28日　初版発行

編著者　国立研究開発法人　水産研究・教育機構

発行者　小 川 典 子

印　刷　株式会社 丸井工文社

製　本　東京美術紙工協業組合

発行所 株式会社 成山堂書店

〒160-0012　東京都新宿区南元町4番51　成山堂ビル

TEL：03(3357)5861　　FAX：03(3357)5867

URL：https://www.seizando.co.jp

落丁・乱丁本はお取り換えいたしますので、小社営業チーム宛にお送りください。

ISBN978-4-425-88711-8